民航运输类专业"十三五"规划教材

空乘服务沟通与播音

汪小玲　杨青云　主编

国防工业出版社

·北京·

内 容 简 介

本书分上、下两编,共七个单元,以空乘服务沟通与播音基本知识、表达基本技能、综合表达技能训练等为基础,从空乘服务沟通概述、空乘服务沟通技巧、空乘服务沟通语言训练、空乘服务播音概述、空乘服务播音技巧训练、空乘服务播音内容训练、空乘服务沟通与播音综合训练等方面进行了大胆的实践创新,对空乘服务沟通与播音语言技能训练途径进行了探讨。本书在理实一体化原则的基础上,扩展了空乘服务沟通与播音语言技能训练空间,对空乘服务沟通与播音语言表达能力的提升,具有较强的理论和实践训练指导作用;以理论为先导,实际训练为主旨,能较好地帮助学生掌握空乘服务沟通与播音基础语言表达的理论知识,能较好地帮助学生提高空乘服务沟通与播音基础语言表达的基本技能。

本书不仅可作为普通高等院校、职业院校空中乘务、航空服务等专业相关课程的教材,也可作为其他服务行业相关人员的参考书。

图书在版编目(CIP)数据

空乘服务沟通与播音/汪小玲,杨青云主编.—北京:国防工业出版社,2022.1 重印
民航运输类专业"十三五"规划教材
ISBN 978 – 7 – 118 – 11361 – 7

Ⅰ.①空… Ⅱ.①汪… ②杨… Ⅲ.①民用航空—旅客运输—商业服务—教材 Ⅳ.①F560.9

中国版本图书馆 CIP 数据核字(2017)第 108996 号

※

国防工业出版社出版发行
(北京市海淀区紫竹院南路 23 号　邮政编码 100048)
北京富博印刷有限公司印刷
新华书店经售

*

开本 787×1092　1/16　印张 8¾　字数 168 千字
2022 年 1 月第 1 版第 2 次印刷　印数 5001—7000 册　定价 35.00 元

(本书如有印装错误,我社负责调换)

国防书店:(010)88540777　　发行邮购:(010)88540776
发行传真:(010)88540755　　发行业务:(010)88540717

《空乘服务沟通与播音》编委会

主　编　汪小玲　杨青云
副主编　兰　琳　罗娅晴　苏雅靓　何蔓莉
参　编　李元元　吴甜甜

前言

空乘服务沟通与播音,是空乘服务人员传递信息、交流思想感情的交际工具,是空乘服务人员与乘客交往的基本行为过程。由于经济、文化、科技的迅速发展和国际交往的进一步扩大,加强空乘服务沟通与播音语言的规范性、准确性,提高空乘服务沟通与播音语言的质量水平,显得尤为重要。

本教材是以教育部对空中乘务专业和中国民用航空局对空乘人员素质、能力的要求为指导思想,在理论和训练一体化原则的基础上,编写的一部以空乘服务沟通与播音语言训练为主的教材,具有系统性、创新性、专业性、实用性等特点。本教材分为上、下两编:上编为空乘服务沟通技巧及其训练,下编为空乘服务播音技巧及其训练。教材内容,以系统性为原则,以创新性、专业性、实用性为目标,将语言学习与训练的最新成果和民航服务理念的更新及时引入教材,构建起独立、完善的理论知识体系和技能训练体系;重视学科层次的提升,重视学生视野的扩展,以岗位需求为依据,强调语言的实用性;注重学生学习兴趣和认知能力的提高,以突出文字、内容为重点,表述清晰、图文并茂;注重学生职业能力的培养,以学生为主体,设计灵活多样的任务和情景;注重理实结合,内容设计强调知识性、指导性、启发性、互动性和可操作性,并为教师在教学中调整教学任务和创新留有空间;同时注重本门课程和其他专业课程的衔接,以保证在概念、知识点等方面的准确性和完整性,以及认识上的统一性。

本教材由省级普通话水平测试员汪小玲任第一主编,国家级普通话水平测试员杨青云任第二主编,由兰琳、罗娅晴、苏雅靓、何蔓莉等专业语言教师任副主编,李元元、吴甜甜参编。杨青云负责全书的统稿。

本教材在编写过程中得到相关领导的支持及有关专家的关心,在此深表谢意。教材在编写和审稿过程中参阅了有关刊物、书籍、电子文献、网络文献等材料及有关法律法规,虽然在页末及书后已标明出处,但仍不免会有遗漏。由于水平所限,教材中难免存在疏忽或不当,甚至错误之处,敬请专家、读者批评指正。

编 者

目录

上编　空乘服务沟通技巧及其训练

学习单元一　空乘服务沟通概述 …………………………………… 1

　第一节　空乘服务概述 …………………………………………… 1
　　一、空乘服务的概念 …………………………………………… 1
　　二、空乘服务的内涵 …………………………………………… 1
　　三、空乘服务的层次 …………………………………………… 2
　　四、空乘服务的特点 …………………………………………… 2
　第二节　空乘服务沟通概述 ……………………………………… 3
　　一、空乘服务沟通的含义 ……………………………………… 3
　　二、空乘服务沟通的过程 ……………………………………… 4
　　三、空乘服务沟通的特征 ……………………………………… 6
　　四、空乘服务沟通的种类 ……………………………………… 7
　　五、空乘服务沟通的作用 ……………………………………… 7
　　六、空乘服务沟通的模式 ……………………………………… 8

学习单元二　空乘服务沟通技巧 ………………………………… 11

　第一节　空乘服务语言沟通技巧 ………………………………… 11
　　一、空乘有声服务语言沟通技巧 ……………………………… 11
　　二、空乘态势服务语言沟通技巧 ……………………………… 12
　第二节　空乘服务沟通技巧 ……………………………………… 23
　　一、空乘服务沟通技巧 ………………………………………… 23
　　二、空乘服务意识训练 ………………………………………… 28
　　三、空乘服务礼仪训练 ………………………………………… 30

学习单元三　空乘服务沟通语言训练 …………………………… 33

　第一节　空乘服务沟通语言训练要求 …………………………… 33
　　一、空乘服务沟通语言要求 …………………………………… 33

Ⅶ

二、空乘服务沟通语言规范 …………………………………………… 34
　　三、空乘服务沟通语言训练方法 ……………………………………… 35
　第二节　空乘服务正常情况沟通训练 …………………………………… 36
　　一、空乘服务岗位用语训练 …………………………………………… 36
　　二、空乘服务岗位沟通训练 …………………………………………… 43
　第三节　空乘服务特殊情况沟通训练 …………………………………… 46
　　一、不正常航班沟通训练 ……………………………………………… 46
　　二、重要乘客沟通训练 ………………………………………………… 47
　　三、特殊乘客沟通训练 ………………………………………………… 48

下编　空乘服务播音技巧及其训练

学习单元四　空乘服务播音概述 …………………………………………… 55

　第一节　空乘服务播音的概念及其特点 ………………………………… 55
　　一、空乘服务播音的概念 ……………………………………………… 55
　　二、空乘服务播音的特点 ……………………………………………… 55
　第二节　空乘服务播音的要求及其类型 ………………………………… 56
　　一、空乘服务播音的要求 ……………………………………………… 56
　　二、空乘服务播音的类型 ……………………………………………… 58

学习单元五　空乘服务播音技巧训练 ……………………………………… 59

　第一节　播音基础发音训练 ……………………………………………… 59
　　一、呼吸方法训练 ……………………………………………………… 59
　　二、发声吐字训练 ……………………………………………………… 61
　第二节　播音语言基本技巧训练 ………………………………………… 71
　　一、内部技巧训练 ……………………………………………………… 72
　　二、外部技巧训练 ……………………………………………………… 78
　第三节　播音类型语言技巧训练 ………………………………………… 99
　　一、信息和消息的区别 ………………………………………………… 99
　　二、空乘信息类播音的要求 …………………………………………… 100
　　三、空乘信息类播音的技巧 …………………………………………… 101

学习单元六　空乘服务播音内容训练 ……………………………………… 105

　第一节　客舱例行广播词播音训练 ……………………………………… 105
　　一、欢迎词 ……………………………………………………………… 105

二、起飞后广播 ·· 106
　　三、餐前广播 ·· 107
　　四、意见卡广播 ·· 108
　　五、预定到达时间广播 ·· 108
　　六、下降时安全检查广播 ·· 108
　　七、到达终点站广播 ·· 109
　　八、下机广播 ·· 110
　　九、延误广播 ·· 110
　　十、夜航广播 ·· 110
第二节　客舱临时广播词播音训练 ······································ 111
　　一、禁止使用电子设备广播 ·· 111
　　二、停机位置广播 ·· 111
　　三、寻找医生广播 ·· 112
　　四、使用救生衣广播 ·· 112
　　五、救生衣、氧气面罩、安全带、应急出口介绍广播 ·················· 113
　　六、客舱安全检查广播 ·· 115
　　七、航空管制广播 ·· 115
　　八、客舱失密广播 ·· 116
　　九、有病人备降广播 ·· 116

学习单元七　空乘服务沟通与播音综合训练 ······························ 118

第一节　迎客时沟通综合训练 ·· 118
　　一、欢迎登机 ·· 118
　　二、安放行李 ·· 119
　　三、确认紧急出口乘客资格 ·· 119
　　四、向精英会员致意 ·· 119
　　五、关闭行李架 ·· 120
第二节　关门后沟通综合训练 ·· 120
　　一、关闭舱门 ·· 120
　　二、致礼欢迎 ·· 120
　　三、安全检查 ·· 120
　　四、安全演示广播 ·· 120
　　五、再次安全检查广播 ·· 121
第三节　起飞后沟通综合训练 ·· 122
　　一、飞行计划广播（欢迎词） ······································ 122

IX

二、客舱服务用语 …………………………………………… 124
　　三、预报落地时间广播 ……………………………………… 126
　第四节　落地后沟通综合训练 ………………………………… 127
　　一、降落广播（欢送词） …………………………………… 127
　　二、下机广播 ………………………………………………… 127
　　三、欢送乘客 ………………………………………………… 128
　　四、检查客舱 ………………………………………………… 128
　　五、下机前再次确认分离器解除预位 ……………………… 128
参考文献 ………………………………………………………… 129

上编　空乘服务沟通技巧及其训练

学习单元一
空乘服务沟通概述

学习重点

通过本单元的学习，使学生了解空乘服务的定义、特点，熟知空乘服务沟通的概念、特点、种类、作用、沟通的模式与过程，掌握空乘服务沟通的影响因素，为空乘服务沟通打下理论基础。

第一节　空乘服务概述

一、空乘服务的概念

服务是为集体或他人的利益或为某种事业而工作。服务离不开人与人之间的沟通交流。

空乘是空中乘务工作的简称。

空乘服务就是航空公司等企业为满足乘客的需要而提供的客舱服务，如迎客、餐食、广播、送客等。空乘服务离不开服务人员与乘客之间的沟通交流。

二、空乘服务的内涵

服务，英文为 SERVICE，由七个字母组成，是七个英文单词的缩写。

在空乘服务中，SERVICE 的每个字母都代表这个单词的含义，表示对服务行为的一种要求。每个含义都离不开空乘服务人员和乘客之间的沟通交流。

Smile：意思是微笑，要求空乘服务人员要对乘客进行微笑服务。

Excellent：意思是出色，要求空乘服务人员要把工作做得很出色。

Ready：意思是准备好，要求空乘服务人员要时刻准备好为乘客提供优质服务。

Viewing：意思是看待，要求空乘服务人员要把乘客看作是尊贵的客人。
Inviting：意思是邀请，要求空乘服务人员要热情邀请乘客再次光临。
Creating：意思是创造，要求空乘服务人员要创造良好的服务环境。
Eye：意思是眼光，要求空乘服务人员要时刻洞察乘客的需求[①]。

三、空乘服务的层次

马斯洛理论按由低到高层次，把需求分成生理需求、安全需求、归属与爱的需求、尊重需求和自我实现需求五大类。生理需求属于低层次的需求，可以通过物质条件满足；安全需求和感情需求属于较低层次的需求，可以用爱心去满足；而尊重需求和自我实现需求是较高层次的需求，要通过智慧才能满足，所以需求的层次决定了服务的层次。

空乘服务的层次越高，对沟通交流的要求就越高。空乘服务一般分为五个层次，由低到高分别为：

1. 利益服务

利益服务是指以追求利益为目的服务。这种服务层次最低。例如有些民航企业无视乘客的需求，目光短浅、利润至上、急功近利、见利忘义，从而让乘客气愤。

2. 力气服务

力气服务是指只花力气的服务。这种服务层次较低。例如有些民航企业不管乘客的感受，只做简单的劳动，只图省事省心、不担责任，让乘客不满。

3. 爱心服务

爱心服务是指把乘客当成亲人的优质服务。这种服务层次较高。例如有些民航企业，细心、精心、诚心为乘客服务，让乘客放心。

4. 感恩服务

感恩服务是指以感恩的心回报乘客的卓越服务。这种服务层次更高。例如有些民航企业，把乘客看做上帝、衣食父母，进行亲情回报，为乘客提供细致入微的服务，让乘客舒心。

5. 艺术服务

艺术服务是指用文化、艺术让乘客获得精神享受的传奇服务。这种服务层次最高。例如有些民航企业，用文化、艺术服务，让乘客惊喜[②]。

四、空乘服务的特点

空乘服务属于高层次服务。
空乘服务的特点：

---

① 徐秀娟. 服务国际含义. http://wenku.baidu.com/view/f34e2219ff00bed5b9f31d9d.html.
② 空乘服务礼仪（第2章）. http://www.docin.com/p-316117148.html.

空乘服务是民航运输服务的重要组成部分,它直接反映了航空公司的服务质量、品牌形象、品牌效应,甚至关系着国家、民族的对外形象。

一般来说,空乘服务具有综合性、及时性、灵活性、规范性、礼仪性等特点。

1. 综合性

空乘服务中,会涉及衣、食、住、行、安全、卫生、疾病、求生、宗教、信仰等各种服务,空乘服务人员要根据具体情况进行多种服务,所以,空乘服务人员的工作具有综合性。

2. 灵活性

空乘服务中,除了例行工作外,会出现很多意想不到的事情,空乘服务人员要随机应变为乘客提供相应的服务,所以,空乘服务人员的工作具有灵活性。

3. 规范性

空乘服务中,服务人员的各项服务都有严格的程序、规范上的要求,空乘服务人员要在服务中严格按程序、规范去操作,所以,空乘服务人员的工作具有规范性。

4. 礼仪性

空乘服务中,对空乘服务人员的礼仪要求特别高,空乘服务人员要在服务中提供礼仪服务,所以,空乘服务人员的工作具有礼仪性。

第二节 空乘服务沟通概述

人类离不开沟通,空乘服务就是一种人际沟通。要想有较强的沟通能力,空乘服务人员首先要了解沟通与服务沟通的基本知识,恰如其分地运用有效沟通技巧,巧妙地避免和化解矛盾,为乘客提供贴心的服务,从而提高空乘服务的质量。如果缺乏沟通技巧,就会导致沟通的失败。例如现实生活中,有些服务人员工作很努力,但总是和乘客发生误会和冲突,其实很多冲突是由沟通造成的。

空乘服务人员要想为乘客提供优质的服务,就要做到知己知彼。高山流水的感人故事中,山野樵夫钟子期只是偶然的机会理解了俞伯牙的琴音,就让俞伯牙摔琴谢知音,这个故事能千古流传,说明知音难觅,而知音是建立在沟通和理解基础上的。所以,空乘服务人员要想为乘客提供优质的服务就要成为乘客的知音,只有做到知己知彼,善于沟通,才能在工作中驾轻就熟。要想了解乘客或被乘客了解,就要学会与乘客沟通的基本知识和相关技巧。

一、空乘服务沟通的含义

沟通是人与人之间思想与感情的传递与反馈,是为了达到一定目标的双向语言活动过程,目的是寻求思想一致和感情融洽。口头语言、文字语言、表情、动作、姿态、图画、音乐、舞蹈等都是沟通的方式。

沟通的内涵包括:传递信息、接受信息、被理解、互动反馈,达到一致。

沟通有三大要素:
(1) 有明确的目标。
(2) 有有效的信息。
(3) 有一致的结果。

空乘服务沟通是空乘服务人员凭借语言、广播、电视等渠道,将信息传递给服务对象,并寻求反馈以达到相互理解的过程。

空乘服务沟通有助于提高服务质量,有助于改善服务人员与乘客的关系。

二、空乘服务沟通的过程

空乘服务沟通是空乘服务信息传递、过滤、接受、反馈的循环过程。

(一) 空乘服务沟通的过程

(1) 信息:服务者产生想法(知己);
(2) 编码:服务者选择说法(知彼);
(3) 传递:服务者表达想法;
(4) 接收:乘客接收想法;
(5) 解码:乘客领悟意思;
(6) 接受:乘客接受想法;
(7) 行动:服务者付出行动[①]。

空乘服务一般沟通过程(图1.1):

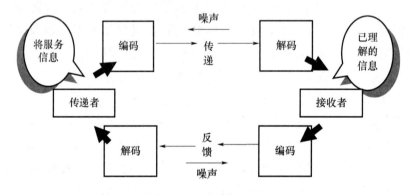

图1.1　空乘服务沟通过程

(二) 沟通的因素

1. 空乘服务沟通的基本因素

图1.1所示的空乘服务沟通过程,包含以下沟通因素:

空乘服务沟通是一个双向交流的过程,无论是服务人员(信息发出者)和乘客(接受者)的主观原因,还是外在的干扰(噪声)等客观因素,都可能导致沟通的失败,

---

① 邵雪伟.酒店沟通技巧[M].杭州:浙江大学出版社,2010.

使得双方无法就某一信息达成共享或一致。

（1）传递者（服务者）：是指信息的发出者。例如：

服务者个人、服务部门、服务公司等。

（2）信息：是指能够被乘客的感觉器官接收的知识或消息。信息是有效沟通的桥梁和灵魂，没有信息就没有有效沟通。正常的沟通应该有的放矢，要传送有效信息。例如：

服务人员提醒乘客注意安全、爱护环境，向乘客问候、祝愿、发布标语、信息栏信息、电视广告等。

（3）编码：是指把特定的信息，编为某种信息符号。服务中的编码就是选择恰当的服务语言，即乘客能理解和接受的语言。否则乘客会不明白或不愉快。例如：

关心乘客，可以把信息编为语言信号："你好吗？"；感谢乘客，可以把信息编为语言信号："谢谢！"；对残疾人说话要单独交流，委婉表达；对周知性的事情可以用广播、电视通知；对青年人要简洁明快，对老人和小孩要通俗易懂。

（4）渠道：是指信息传递的手段和媒介。如语言、文字、肢体、多媒体、空气等。例如：

关心广大乘客，可以用空气振动传递声音信号给乘客："你们好！"

（5）接收者（乘客）：是指信息的接收者。例如：

乘客个人、乘客群体、乘客组织等。

（6）解码：是指将收到的信号，通过理解还原为信息。即乘客接到服务者信息后，理解其中的意思。例如：

乘客接到"你们好！"的信号后，知道这是表示问候。

（7）接收者的反应：是指乘客对信息的反应。如果乘客的反应与服务者的意愿相同，就是有效沟通。例如：

乘客愉快、沉默、不高兴、愤怒等。

（8）反馈：是指接收者（乘客）把自己收到的信息编码后通过某种渠道返还给发送者（服务者）。例如：

乘客回应："你好！"或微笑点头、挥手致意等。

（9）噪声：是指对沟通产生干扰的事物或行为。它会导致信号失真，干扰服务者的目的。如身体不适、心情不好、抱有成见、人声嘈杂、电话杂音、图像模糊、方言、错误停顿等，会让对方听不清，不明白或误会。例如：

服务者向乘客问候时，有噪声，乘客听不清没反应①。

2. 空乘服务沟通的影响因素

1）文化因素

人与人是不同的，对同一信息会有不同的理解。要学会换位思考，站在对方的角

---

① 社会心理学课程论文（论人际沟通的障碍的克服）. http://www.docin.com/p-899152768.html&key%3D.

度考虑问题。例如：

太深奥、含蓄,文化水平低的人听不懂;太通俗、直白,文化水平高的人不爱听。因此,我们说话要雅俗共赏,明白易懂。

2）技术因素

表达要准确、艺术。说话直白、语意不明、语气生硬或缺乏热情等会令对方反感,从而难以接受你的观点。同时要选择合适的媒介。面谈是最好的方式,可以互动、反馈、调整。例如：

乘客把行李放在过道上了,可以说："先生,我帮您把东西放在行李架上好吗？谢谢。"而不能直接说："按照空乘规定行李必须放在行李架上,请把行李放在行李架上。"

3）情绪因素

日常生活中有很多因素影响服务人员的情绪,如心情不好、身体有病、家庭矛盾、过分怯场等因素而导致的情绪波动,会直接影响服务沟通的正常进行。因此空乘服务人员,一定要具备稳定的心理素质,保证自己的情绪不受影响。例如：

心情不好,在对方说话时精神不集中,不能充分理解对方的意图,就会造成沟通失败。

4）环境因素

不适当的时间、地点、环境等,都会直接影响到信息的传送。例如：

在休息、吃饭的时间谈事情都不合适。

5）地位因素

地位的高低对沟通的方向和频率影响很大。地位悬殊大,信息往往趋向于从地位高的流向地位低的。使双方无法平等沟通,出现沟通障碍。例如：

接待高官,会让服务人员精神紧张,不敢说话。

6）媒介因素

选择沟通媒介不当,会影响沟通效果。例如：

重要事情,口头传达效果较差;媒介相互冲突,如领导表扬下属时面部表情很严肃,下属会感到迷惑;沟通环节太多,如层层传达,会损失信息;外部干扰,如物理噪音、机器故障、距离太远听不清等。

7）关系因素

关系因素指沟通双方的诚意和相互信任。沟通双方的相互信任至关重要[①]。

三、空乘服务沟通的特征

沟通是双向过程,是服务者把信息传递给乘客,乘客再把信息反馈给服务者,以核对信息是否真正被收到或被理解。

---

① 如何进行有效沟通. http://www.docin.com/p-273122186.html.

四、空乘服务沟通的种类

根据不同的标准空乘服务沟通可分为以下类型：

1. 依据性质不同分为

非社会沟通：少于两人的信息传递的过程。

社会沟通：多于两人的信息传递的过程。

2. 依据对象不同分为

自我沟通：我和我之间的信息传递的过程。

人际沟通：人与人之间的信息传递的过程。

组织沟通：正式组织、非正式组织之间的信息传递的过程。

3. 依据媒介不同分为

语言沟通：以口头和书面语言为媒介传递信息的过程。

非语言沟通：以声音语气（如音乐）、肢体动作（如表情、姿态、手势、动作、舞蹈、武术、体育运动等）为媒介的信息传递的过程。

4. 依据手段不同分为

亲身沟通：以人体为媒介，以语言、表情、动作为手段的信息传递的过程。

大众沟通：凭借大众媒介，以报刊、广播电视等为主要手段的信息传递的过程。

5. 依据方向不同分为

下行沟通：上级将信息传达给下级，是由上而下的信息传递的过程。

上行沟通：下级将信息报告给上级，是由下而上的信息传递的过程。

平行沟通：指同级之间横向的信息传递的过程，也称横向沟通。

6. 依据反馈情况不同分为

单向沟通：没有反馈的信息传递的过程。

双向沟通：有反馈的信息传递的过程。

以上沟通形式，根据具体情况，可以单独使用，也可以综合使用。最有效的沟通是语言沟通和非语言沟通的结合。

五、空乘服务沟通的作用

沟通对于服务人员很重要，他们每天都会把70%～80%的时间花费到听、说、读、写的沟通上。具体有以下作用：

（1）沟通可以介绍情况，赢得乘客信任；

（2）沟通可以获得信息，了解乘客情况；

（3）沟通可以提供信息，引导乘客；

（4）沟通可以培养技能，服务乘客；

（5）沟通可以澄清事实，解决乘客问题；

（6）沟通可以联系他人，获得乘客帮助；

(7)沟通可以丰富自己,增强自信;

(8)沟通可以激发潜能,成就业绩。

六、空乘服务沟通的模式

空乘服务沟通的基本模式主要有三种:施拉姆模式、拉斯韦尔沟通模式、申农沟通模式。

(一)施拉姆沟通模式

施拉姆沟通模式(图1.2),是指发送者和接收者在编码、阐释、解码、传递、接收的过程中互相影响不断反馈,形成一种环形的沟通行为的方法。该模式认为发送者又是接收者,提出了编码、解码、反馈概念。该模式注重交流的过程,是一种环形沟通模式,具有概括性,适合空乘服务人际沟通。例如:

空乘服务人员和乘客交流,先把信息用语言组织好,然后传递给乘客,乘客收到、理解信息后,再把自己的意见传递给服务人员,从而达到相互交流、理解的过程。

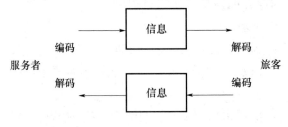

图1.2 施拉姆沟通模式

(二)拉斯韦尔沟通模式

拉斯韦尔沟通模式(图1.3),是指通过回答五个问题:何人,说什么,凭什么,对何人,何效果即"5W",来描述沟通行为的方法。该模式注重沟通效果,简单方便,是一种线性沟通模式。例如:

航空公司发布航班信息,就是把信息通过工作人员、广播、电视、广告栏等传达给乘客,让乘客明白、记住,然后按信息要求去办。

图1.3 拉斯韦尔沟通模式

(三)申农沟通模式

申农沟通模式(图1.4),是指通过说明信源、发射器、信道、接收器、信宿的顺序及影响因素来描述沟通行为的方法。该模式注重沟通效果,是一种交叉沟通模式,适合通信沟通。例如:

空乘地面指挥和飞机之间的沟通,就是通过地面塔台通过无线电把信息发射出去,再通过仪器把信息传递给飞机上的工作人员。

图1.4 申农沟通模式(通信系统模型)

【案例1.1】

我想坐祖国的航班

我是个在英国的留学生,我和我的中国同学每次回国前都想坐祖国的航班,可是每一个坐了祖国航班新到伦敦的留学生都说,祖国航班的服务态度不好,中国乘客享受的服务待遇比外国乘客差。但我坐的英航和法航的航班,却是中外平等,为什么外国人不歧视你,而我们自己却要歧视自己。现在网上有些准备出国留学的朋友在向我询问哪家航空公司的航班最好时,我只能说除了中国的就行。其实我们并不愿这么说,如果我们空乘的服务能有所提高的话,我们以后回国,会选择祖国的航班①。

【问题思考】

(1)该案例中那些地方出了问题?怎样避免这些情况的发生?
(2)该案例中平等的意义是什么?我们应该怎样平等待人?

【案例1.2】

机票:单方强制态度让马女士很无奈

家住大通县的马女士姐妹二人,因有急事要去北京,便打电话到航空西宁机场中心售票处,购买了两张5月10日下午14点50分西宁至北京的机票。当时负责接待的该中心售票处的工作人员,只是在电话中询问了她们二人的身份证号码后不久,两张打折的机票便送到了她们手中,这让平生里第一次坐飞机的马女士喜出望外。此前她们曾听别人讲,乘飞机不像坐火车、坐汽车那样简单,还需要较多的证件、手续⋯⋯于是在拿到机票后,她们主动要求送票人查验身份证等相关的证件,送票人却用和蔼的口吻谢绝了。10日下午,二人在西宁机场办理完乘机手续后,却被机场安检人员以其所持的身份证过期为由,拒绝其前往候机大厅候机。当时,她们的行李已经查验登机,航空公司根据机场安检部门的要求,将托运的行李卸下,此后飞机正式起飞往北京,马女士二人因此误机。

---

① http://www.sina.com.cn. 2000年10月11日,22:54.

当她们再次打电话向航空西宁机场中心售票处反映此事时,被告知只能退票!并要收取总票款50%的误机费!而且只能到出票地,也就是西宁机场中心售票处办理。这让她们啼笑皆非——误机不仅耽误了重要的事情不说,还要倒贴进去几百元的退票费,真是"赔了夫人又折兵"。无奈之下,马女士只好从西宁机场打的来到位于西宁市城东区八一路的中心售票处,在咨询该售票处相关的工作人员后,马女士才明白过来,乘客购票应出示本人身份证件并填写《乘客定座单》,经航空公司同意后方可购票,而且机票后的"乘客须知"已经告知。马女士认为,对于不常使用身份证的人来说,很少注意它的有效期,这样就有可能在无意中使用过期证件乘机。如果空乘工作人员在售票时查验身份证件,那么上述情况就可能避免,按此规定,马女士认定售票机构应对她们姐妹二人的误机负一定责任①。

【问题思考】

(1) 该案例中沟通的意义是什么?

(2) 该案例涉及哪些沟通要素?那些地方出了问题?怎样避免这些情况的发生?

(3) 该案例属于沟通的那个种类?

(4) 该案例属于沟通的那个模式?

(5) 现实生活中,沟通对于大学生有什么意义?

---

① 马戈."五一"黄金周目睹西宁曹家堡机场之怪现状. http://news.carnoc.com/list/69/69152.html.

学习单元二
空乘服务沟通技巧

学习重点

通过本单元的学习,使学生掌握空乘服务沟通的语言表达技巧、有效沟通技巧,并通过语言表达技巧训练和有效沟通技巧训练,为空乘服务有效沟通提供技术保证。

第一节 空乘服务语言沟通技巧

空乘服务语言沟通是指服务者以语言符号的形式把信息发送给乘客的沟通行为。语意美,可以感人心;语音美,可以悦人耳;形象美可以动人目。依此,我们把空乘服务语言沟通划分为有声语言沟通、文字语言沟通和态势语言沟通三种类型。文字语言沟通是用文字来传播,例如写信、发通知、贴布告、发广告、贴标语、板书、打电报等。

最有效的沟通是有声语言沟通和态势语言沟通的结合。

一、空乘有声服务语言沟通技巧

(一)空乘有声服务语言沟通的含义

有声语言沟通是用讲话来传播信息的沟通,例如谈话、广播、演讲、打电话、声音暗示等。有声语言是用来表达思想和交流感情的工具。有声语言在空乘服务过程中的作用很大,是民航企业服务质量的核心和航空公司赢得客源的重要因素,关系到民航企业的生存和发展。所以,作为一名空乘服务人员,具备良好的有声语言素质是做好服务工作、提高服务质量的前提条件。

(二)空乘有声服务语言沟通的要求

作为一个空乘服务人员,在纷繁复杂的航空服务工作中,有声语言一定要谈吐文雅、音量合适、语调亲切、语句流畅,问答要简明、规范、标准,同时还要学会深刻领悟意思,做到恰如其分,把话说到对方的心坎里,从而获得对方的好感,提高服务质量。

良好的有声语言素质包括良好的表达能力和沟通技巧。

（三）空乘有声服务语言沟通的技巧

1. 说话自然，灵活生动

空乘有声服务语言沟通，说话要自然，并随内容的变化而变化；语言要与表情、动作协调一致。

2. 用词准确，语句流畅

空乘有声服务语言沟通，遣词造句要精心、准确、流畅。例如：

在餐饮服务时，乘务员一般会向乘客介绍："我们有牛肉饭、鸡肉饭，您要什么？"其中"要"字虽然意思明确，但却缺乏感情色彩，如果改成"您喜欢什么？"简单的发餐服务就变成了满足乘客要求的贴心服务了。同理：

"您有事吗？"改成"请问有什么可以帮您？"更客气，更亲切。

"您小心点儿。"改成"请注意安全。"显得更加专业，也不易产生歧义。

乘客的需求千变万化，进行服务沟通，要从乘客的角度着想，用心去体会。

3. 表达要通俗，要因人而异

空乘服务语言沟通，关键是所运用的语言能为服务对象理解或接受。乘客的情况千差万别，进行服务沟通，要注意区分对象，因人而异。

4. 内容重实际，要真实有效

一是语言内容要真实，不能欺骗；二是表达形式要实用，不搞形式主义。

5. 言语讲环境，要语随境迁

语言环境包括自然环境、社会环境、具体场景；时间、空间、氛围及人的情绪变化等因素，还要做到语随境迁、随机应变。

二、空乘态势服务语言沟通技巧

（一）空乘态势语言沟通的含义

态势语言是人们通过自己的表情、手势、姿态、仪表、风度、动作和服饰等来传达信息、传情达意的一种无声语言。它是一种重要的沟通媒介。美国心理学家艾伯特·梅拉比安说过："人的感情表达由三个方面组成：55%的体态，38%的声调及7%的语气词。"心理学研究：人感觉印象的77%来自眼睛，14%来自耳朵，视觉印象在头脑中保持时间超过其他器官，汉语中"手舞足蹈""眉飞色舞""指手划脚""风度翩翩"等词语，都说明了态势语言在人际沟通中的重要作用。所以古希腊大演讲家德摩斯第尼把自己演讲成功的秘密归结为恰当自如地应用态势语言。

空乘态势服务语言沟通是指用肢体动来传播信息（例如表情、姿态、手势、动作、触摸行为、穿着打扮、色彩、图像、绘画、装饰、空间距离、实物标志、舞蹈、武术、体育运动等）的沟通。人的手势、表情、眼神，甚至咳嗽、笑声等都能传情达意，而且是有声语言、文字无法替代的。所以，态势语言沟通不仅是有声语言沟通和文字语言沟通的补充，而且是一种心理沟通，情感交流的重要途径。

(二) 空乘态势语言沟通的作用

空乘服务人员应该重视态势语言的巧妙运用,并把它当作辅助工具,来增强沟通效果。具体来说,态势语言在沟通中的作用主要有以下几点:

1. 加强语言表达效果

态势语言能加强沟通语言表达的效果,能辅助有声语言准确地表意,充分地抒情;在表达感情方面,比口头语言更直接、更准确、更生动、更形象。例如昂首挺胸会给人骄傲、自豪的感觉;身体微微前倾会给人谦虚、恭敬的感觉;步履稳健、潇洒会给人自信的感觉。

2. 展示沟通者风度

风度是人们的仪表、举止、姿态,给人留下的第一印象。空乘服务人员精神抖擞,迈着轻盈的步子,面带迷人的微笑,边走边向乘客微笑致意,会给乘客留下深刻的印象。乘客就像服务者的镜子,从各个角度来观察服务者的形象。服务者的体态、风貌、举止、表情都应给乘客以协调平衡的感觉。培根说过:"相貌的美高于色彩的美,而优雅得体的动作的美又高于相貌的美,这是美的精华。"空乘服务人员如果能够给乘客留下亲切、真诚、优美的第一印象,对服务工作非常有利。

3. 加强信息可信度

形体、手势、眼神、表情等能自然流露感情,比语言更真实,是语言信息的佐证。空乘服务人员工作时表情放松,神态自然,动作优雅,可以稳定乘客情绪,增加语言信息的可信度,尤其是在紧急情况下,因为乘客会察言观色。

4. 弥补有声语言不足

态势语言可以帮助有声语言更准确、更形象地表情达意,也可以把有声语言不便说、说不出、说不尽的意思表达出来,有补充作用。古人的"言之不足、手之舞之、足之蹈之。"雅罗斯拉夫斯基的"演讲者的态势是用来补充说明演讲者的思想、情感与感受的。"都说明了这一点①。

(三) 空乘态势语言沟通的特点

态势语言沟通的特点:普遍性、民族性、社会性、审美性、规范性、情境性。

1. 普遍性

在空乘服务中,每个人都自觉或不自觉地运用到态势语言沟通。不过,由于个人的文化的不同,表达方式也有所不同,一般来讲,与有声语言相比,态势语言沟通的信息共享更容易一些。有些表情、手势和动作,可以跨越言语障碍进行沟通与交流。如微笑,是一种友好的表示,全世界都可以通用。

2. 民族性

不同的民族有不同的文化和风俗,所以在空乘服务中,服务人员要根据乘客不同

---

① 颜永平.此处无声胜有声.http://blog.sina.cn/s/blog_4cbe5d260100bwrt.html.

的文化和风俗习惯选择态势语言。例如,西方人们往往通过握手礼、拥抱礼和亲吻礼来表达自己的欢迎和热情,但中国人往往更习惯用握手礼、鞠躬礼来表达感情。

3. 社会性

服务人员要根据乘客的年龄、性别、职业、地位、文化程度、伦理道德、价值取向、生活环境、宗教信仰等社会因素选择态势语言。如见一般道士行作揖礼,见和尚行合十礼等。

4. 审美性

服务人员要根据工作的场合梳妆打扮、抹胭脂、搽口红、戴首饰等,使自己显得美丽、端庄,这表示对乘客尊重,也是一种沟通。

5. 规范性

每一种社会角色都有着被大家承认的行为举止准则,服务人员要根据乘客的文化、民族、环境、年龄、心理、社会道德因素等选择态势语言,尽量使语言规范,以避免因语言障碍造成误解。如中国人表示 OK 的手势,但法国人认为是毫无价值。

(四) 空乘态势语言沟通的内容

1. 沟通者的体态

1) 沟通者沟通前的体态

(1) 准备。

了解地形、路线、乘客的情况,做到胸有成竹,增强沟通力;

整理好自己的发型、衣服、资料等,做到形象规范,增强他信力;

整理好自己的心情、沟通思路,做到愉快敏捷,增强自信力。

(2) 行走。

要从容不迫、潇洒自信;要面带笑容、体态优雅;要动作自然、协调规范;要步履稳重、轻松自然。

(3) 站定。

站在适当的位置后,用亲切的目光注视或扫视一下乘客,让乘客做好接收信息的准备,然后向对方问好、自我介绍。

(4) 移动。

(5) 距离。

沟通中双方距离的确定,主要取决于双方关系的远近,同时也受到沟通内容、环境以及沟通双方的文化、心理特征、性别等因素的影响。

"距离产生美。"是说人与人之间的交往需要保持一定的空间距离,不同的关系、情境,需要有不同的人际距离。距离与情境和关系不相对应,会导致人出现心理不适感,如感到不舒服,不安全,甚至恼怒等。

空间的距离,能体现尊重。那么,人际交往的空间距离该怎样把握呢?

根据美国人类学家、心理学家爱德华·霍尔博士的观点,空间距离可分为:

① 亲密距离(15~45 厘米)。这是人际沟通中最小的距离,即"亲密无间",能耳

鬓厮磨、挽臂执手、促膝谈心。适合感情极为密切的人之间非正式场合的沟通,如同性的贴心朋友,异性的夫妻和恋人之间,否则会引起对方的反感。

② 个人距离(46～120厘米)。这是人际沟通中稍有分寸的距离,较少身体接触。能亲切握手,友好交谈。适合熟人之间非正式场合的沟通。

③ 社交距离(1.2～3.5米)。这是较正式的社交性或礼节性的距离。没有身体接触,主要用声音和目光。近范围适用于工作环境和社交聚会,远范围适用于领导人之间的谈判、招聘时的面谈、论文答辩等等,隔一张桌子或保持一定距离,显得庄重。

④ 公众距离(3.5米以上)。这是一个开放的空间,能容纳一切人。适合公开演说类沟通。

总之,沟通空间距离的远近,是双方之间是否亲近、是否喜欢、是否友好的重要标志。因此,沟通时,选择正确的距离是非常重要的。沟通的空间距离具有一定的伸缩性,它随具体情境,沟通双方的关系、社会地位、文化背景、性格特征、心境等发生变化。另外国家不同、民族不同,文化背景不同,其交往距离也不同。

2) 沟通时站立的姿态

沟通者沟通时可以站着,也可以坐着。一般站着居多。站着的优点是:表示对乘客的尊重;避免长篇大论;显示自己的精神风貌;增强互动交流,调节现场气氛;手势、动作运用自然。坐着适合大问题、长时间的沟通。

(1) 沟通站姿的要求。

沟通者的站姿,总的要求是:站姿自然、大方、端庄、优美。具体要求是:要抬头、挺胸、收腹、立腰;双脚平行或呈V形、稍息状,中间可有变换;两眼平视并顾及到所有目标乘客,以示一视同仁。高尔基赞扬列宁的形象时说:"简直就像一件古典艺术作品,什么都有,然而没有丝毫多余,没有任何装饰。"

(2) 沟通站姿的要领。

身体要直。要抬头、挺胸、收腹、立腰,两肩放平、放松,两眼平视并顾及到所有目标乘客,以示一视同仁,身体与地面基本垂直。

重心要稳。沟通者重心要稳,可以双脚平行(20厘米左右)或呈V形、稍息状(一脚稍前,一脚稍后,重心压在后脚上),中间可适当变换,减轻疲劳。

手势得当。沟通者的双手可以自然下垂放在身体两侧,也可以两手合拢放在腹部。

2. 沟通者的手势动作

手势动作是态势语中最重要的部分。空乘服务人员要以得体的动作强调语言的重点,增加乘客的好感。

1) 手势动作的作用

手势动作,是沟通者运用手臂、手掌、拳头和手指的动作,表达思想感情的一种态势语言。手的表达能力仅次于脸,在沟通中,恰当地运用手势,对于加强语气,塑造形象,增强说服力和感染力起着重要的作用。

2）手势动作的分类

（1）按表达功能分类。

情意手势。主要用于带有强烈感情色彩的内容,如喜、怒、哀、乐。特点是表达方式丰富,情深意切,感染力强。

指示手势。主要用于指示具体人物、事物或数量,有真实感。特点是动作简单,缺乏感情色彩。分"实指"和"虚指"两种。实指的对象是现场能看到的;虚指的对象是远离现场的人和事,是现场无法看到的。例如：

我只谈两个问题。(伸出两根手指)

象形手势。主要用于模拟人或物的形状、高度、体积、动作等,给人以生动、形象、明确的印象。使用时要自然或略带夸张。

象征手势。主要用于含义比较抽象的事物,配合口语,启发听众的思考,引起听众的联想,给听众留下鲜明的印象。例如：走向美好的明天！（双手或单手肩膀以上侧前伸）

（2）按活动区域分类。

上区手势（肩部以上）。一般用于表示理想、希望、喜悦、祝贺等积极肯定的、激昂慷慨、光明美好的内容和感情。动作要领是手势、手心向内、向上,动作幅度较大。

中区手势（肩至腰部）。一般用于表示叙述事物、说明事理和较为平静的情绪,一般感情色彩不浓厚。其动作要领是单手或双手自然地向前或两侧平伸,手心可以向上、向下、和地面垂直,动作幅度适中。

下区手势（腰部以下）。手势在这一区域活动,一般表示憎恶、鄙视、反对、批判、失望等。其基本动作是手心向下,手势向前或向两侧往下压,动作幅度较小。

（3）按单、双手分类。

用单手的手势叫单式手势；用双手的手势叫复式手势。运用时根据以下需要进行选择：

根据感情强弱。形式为内容服务,这是选择单式手势或复式手势的最根本的依据。复式手势,一般用于批评或表扬,肯定或否定,赞同或反对等特别强烈的感情。一般的感情,用单式手势。

根据听众多少。复式手势,一般用于会场较大、听众较多的场面,强化手势,激发情感。一般的场面,用单式手势。

3）手势动作的运用

（1）手指的运用。

手指的动作十分常见,简单明了。但要避免用手指直接指人,这是不礼貌的动作。手指的用法主要有以下几种：

表示数目；表示态度；指点事物；指示方向；引起注意；表示微小或精确。

（2）手掌的运用。

推掌。一般用于表示坚决、否认、果断、排斥、势不可挡等感情。

伸手(单或双掌心向上)。一般用于表示请求、交流、许诺、谦逊等感情。

抬手(单或双手心向上、两臂抬起)。一般用于表示号召、唤起、祈求、激昂、愤怒、强调等感情。

摆手(掌心向下)。一般用于表示否认、蔑视、不屑一顾等感情。

压手(掌心向下)。一般用于表示安静、停止或气愤、激动等感情。

挥手。一般用于表示兴奋、果断、鼓动、呼吁、前进、致意等感情。

手掌放胸前。一般用于表示自己、祝愿、愿望、心情等感情。

两手心相对。一般用于表示距离、物状、说明、描述等感情。

手掌放身体一侧。一般用于表示憎恨、鄙视、气愤、等感情或指示人和事。

两手由分而合。一般用于表示亲密、团结、联合等感情。

两手平端向上挥。一般用于表示鼓动、号召、激励听众行动等感情。

(3) 拳头的运用。

拳头的动作,一般表示激动、坚定、自豪、力量、斗争、奋斗、义愤、仇恨等。拳头动作有较大的排他性,一般在沟通中尽量少用。

4) 手势动作的原则

(1) 自然美观。

手势贵在自然,切忌做作。运用态势语要做到端正、高雅、自然、美观,符合人们的审美习惯,同时还要符合沟通者的性别、年龄、经历、职业及性格等特征。

手势贵在自然,自然才真实,才能给人美感。

(2) 协调一致。

手势贵在协调,切忌脱节。

手势与全身协调。手势动作要和沟通者的体态协调一致。

手势与口语协调。手势的起落应和话音的起落是同步的。否则会让听众感到滑稽可笑。

手势与感情协调。沟通者的手势要随内容、情感和现场气氛而变化,手势的部位、幅度、方向、力度要和语言、表情、姿态相协调。沟通中感情激昂时手势的幅度、力度可大些,否则要小一点。

(3) 适量简练。

贵在精简,切忌泛滥。

适可而止。手势过多会显得手舞足蹈、喧宾夺主。但是,如果没有手势,又会显得呆板,缺乏活力。

简单精练。体态语是口语的辅助手段,使用时要做到简单精练、清楚优美、干净利索。

(4) 因人而异。

手势贵在变化,切忌死板。沟通者要根据自身条件,选择符合自己的身份、性别、年龄、职业、体态、目的的手势。如男性的手势一般刚劲有力;女性的手势一般柔和细腻。老年人手势一般幅度较小;而中青年人手势一般幅度较大。矮小者的手势一般多高举过肩,而高大者的手势一般多平直横向。

(5) 通盘考虑。

手势贵在通盘考虑,切忌前紧后松或前松后紧。

5) 沟通的忌讳动作

下面一些手势动作切忌在沟通中出现:

拍桌子;拍胸脯;拍手掌;拳头冲乘客;手指向乘客;手插入口袋;背着手;双手胸前交叉;双手插腰;双手乱晃;挠痒痒、抠鼻子、揉眼睛、抓耳挠腮等;摆弄衣角钮扣等;摸头发;摸东西;重复动作。

3. 沟通者的面部表情

表情在沟通中有非常重要的作用。美国心理学家梅拉比安曾对一个信息的总效应进行了分析,总结出了以下公式:一个信息的总效应=7%的词语+38%的语调+55%的面部表情。

1) 沟通的面部表情

人的面部表情,是人的思想感情在外貌上最灵敏、最复杂、最准确、最微妙的显示。一般地说,喜则眉飞色舞、笑逐颜开,怒则切齿痛恨、怒目圆睁,哀则双眉紧锁,叹息唉声。

(1) 面部表情的含义。

面部表情是指通过眉、目、脸、口等表达出来的感情。人的面部表情非常丰富、生动。例如:

面部肌肉放松一般表现平易、和蔼、信任、理解、友善、感激等感情;面部肌肉绷紧,一般表现严肃、庄重、愤怒、疑问、不高兴等感情。

(2) 面部表情的作用。

在态势语言中,面部表情传情达意的作用最为突出。它比有声语言要复杂千百倍。所以,有经验的沟通者,要充分利用面部表情来表达复杂细腻的感情。如喜、怒、哀、乐、忧、愁、恨、悲、苦、惧、愤、疑等。

(3) 面部表情的原则。

表达准确,面部表情要与沟通的内容、现场气氛、演讲者的意图相一致。

自然真诚,感情要自然朴实、情动于衷。

优雅鲜明,反应要鲜明、优雅。如微笑优于大笑。

4. 沟通者的微笑

1) 微笑的作用

微笑是沟通中最重要的面部表情。空乘服务人员要以真诚的微笑打动顾客。

微笑最能细致地反映人的内心世界,是涵养的表现,自信的标志,礼貌的象征。在沟通中微笑可以传递友善,融洽气氛,消除抵触,缓解矛盾。微笑是没有副作用的镇静剂,微笑是人际交往成功的催化剂,微笑是无须翻译的最优美的世界语,微笑是世界上最廉价而又最宝贵的财富。

2）微笑的技巧

航空服务人员的微笑,要求有亲和力,一般是露出八颗牙齿。

（1）见面时微笑。可以拉近与乘客的距离,给乘客留下美好的印象。

（2）赞美时微笑。可以使赞美显得真诚。

（3）乘客提问时微笑。可以给乘客无声的赞美和鼓励。

（4）肯定或否定时微笑。可以缓解气氛,让对方容易接受。

（5）面对喧闹时微笑。可以是一种含蓄的批评与指责。

5. 沟通者的眼神

"眼睛是心灵的窗户"。服务人员要以热情的眼神感染乘客。心理学研究表明,在人的各种感觉器官可获得的信息总量中,眼睛要占百分之七十以上,人内心的隐秘,胸中的奔突,情感的起伏,总是自觉不自觉地在不断变幻的眼神中流露出来,它犹如一面聚焦镜,凝聚着一个人的神韵气质。东晋顾恺之说:"传神写照,尽在阿睹之中。"印度著名作家、诗人泰戈尔说得更好:"一旦学会了眼睛的语言,表情的变化将是无穷无尽的。"而美国作家爱默生对眼睛的评价是:"当眼睛说得这样,舌头说得那样时,有经验的人更相信前者。"所以,一个成功的言语表达者一定要了解和运用千姿百态的目光语和眼神技巧。

1）运用眼神的作用

（1）表达丰富的感情。眼睛是心灵的窗户。透过窗户可以看见一个人心里的真实想法。例如:正视表示庄重,斜视表示轻蔑,仰视表示自信,俯视表示思索,侧视表示羞涩,逼视表示挑衅,瞪视表示敌意,注目表示尊敬,白眼表示反感,瞠目表示吃惊,眨眼表示疑问,眯眼表示高兴。

（2）创造和谐的气氛。运用眉目语言可以创造和谐的气氛。如在沟通中,可以两眼平视前方和乘客进行交流和沟通,也可以盯着某处看,好像说给某个人听;有时冲这边微笑,一会儿冲那边点头,一会儿朝这边示意,一会儿朝那边挥手,使每位乘客都觉得自己受到了关注,从而形成一种极为亲切的沟通气氛。

2）运用眼神的技巧

（1）环视法,是指沟通者有意识地环顾在场的每个乘客,或从左到右,或从前到后,从乘客的神态中了解情况。环视的作用是:向听众打招呼,表示尊重;体验听众情绪和现场情况,把握沟通的方式与重点;提示安静。

（2）点视法,是指把目光集中投向某一部分。可以表达丰富的感情。例如有的听众很认真,可以用亲切的目光,表示感谢;有的听众不赞同,可以稍作调整再看一眼,表示征询;有的听众骚动,可以把目光投过去,表示制止。

（3）虚视法,是指沟通者的目光不断扫视全场,实际上谁也没看见,只是为了造成一种交流感。

在沟通过程中,以上方法可以根据情况综合使用。

3）运用眼睛的原则

（1）要目的明确；

（2）要自信大方；

（3）要和有声语言、动作、表情结合。

6. 沟通者的仪表风度

1）仪表风度的含义

仪表是指人的外表,是通过人的容貌、表情、神态、姿式、举止、服饰、发型等给人留下的综合印象。仪表侧重人的外在形象,能展示人的形象和风度,还可以增强自尊和自信。

风度是指人的风格和气度,是通过言谈举止、仪表体态、装束打扮等给人留下的综合印象。风度侧重人的精神风貌,它是人的个性品质,精神状态,艺术情趣,文化素养,生活习惯等的外在表现。

2）仪表风度的作用

仪表和风度,能吸引乘客的注意力。服务人员是信息的传递者,同时也是美的传递者。乘客不仅可以获得信息,还可以获得美的享受。比如,空姐本身就是空乘企业一道亮丽的风景线。

仪表风度最能给人留下良好的"第一印象"。心理学的"晕轮效应"认为,第一印象,往往会成为人们对其作出判断的依据。比如你见到空姐衣着整洁,彬彬有礼,就会认为她们做事一定会细心周到,富有责任心。所以,服务人员,始终要注意自己的仪表风度。

3）仪表风度的培养

风度是人的风格气度的外在表现形式。孔子说过:"质胜文则野,文胜质则史,文质彬彬,然后君子。"(《论语·雍也》)意思是说,只注重内在素质而忽视外在表现,就会显得粗俗;只注重外在表现而忽视内在素质,就会导致浮华。只有内在美与外在美兼备,才称得上是君子风度。所以,服务人员的风度美是其内在素质和外在表现的统一。要拥有美的风度,首先要进行思想品德的修炼,同时还要注意仪表、谈吐、举止、体态、服饰等外在形象。具体要做到以下方面：

（1）加强内在修养。风度不是肤浅的,它是人的风格气度的外在表现形式。所以要拥有风度美,首先要进行思想品德的修炼,加强自身修养,培养内在气质,做到秀外慧中,使自己成为一个心灵美的人。

（2）注重外在形象。风度不是虚幻的,它总是通过具体的语言、动作、容貌、服饰表现出来。所以,我们还要在生活中注意自己的容貌、服装、言行举止,使自己成为一个外表美的人。

（3）坚持长期实践。风度不是装出来的,它需要一个长期修炼的过程,它会受个人、家庭、社会、实践等多种因素的影响。林肯开始演讲时因为没有经验,效果不佳。为了提高演讲能力,他坚持从内容到声音,从仪表到姿态进行训练。后来他的演讲就有了政治家、外交家的风度。

总之,风度、仪表决定人际交往的第一印象,直接影响沟通效果。契诃夫说过:"人的一切都应该是美好的,心灵、面貌、衣裳。"服务人员只有"内在美"和"外在美"兼修,才能在沟通中获得乘客的尊重和信任,展示自己良好的仪表和风度。

7. 沟通者的礼仪修养

礼仪是人类社会长期以来形成的,并为大家承认和遵守的表示友好的方式或仪式。礼仪是沟通者形象的重要组成部分。不同的时代、社会、民族、国度,礼节方式不同、要求有别。空乘服务人员在沟通中要始终注重礼仪,给人以完美的印象。

空乘服务人员的礼仪规范:

1) 站姿要挺拔

站姿是指人的双腿在直立静止状态下的姿势。站姿是走姿和坐姿的基础。得体的站姿给人以健康向上的感觉。坐姿要平衡、正直、挺拔。

站姿规范:

(1) 头正。头正,颈部挺直,目光平视,下颚微收,表情自然,稍带微笑。

(2) 肩平。两肩平正、舒展放松,向后下沉。

(3) 臂垂。两臂自然下垂,处于身体两侧,中指对准裤缝。或将双手自然叠放于小腹前,右手叠加在左手上。

(4) 躯挺。挺胸、收腹、立腰,臀部向内向上收紧,但不显僵硬。

(5) 双腿并拢或平行。两腿立直,重心居中。女士双腿并拢,两脚呈"丁"字型,或脚跟靠拢,两脚呈60°"V"字形。男士双腿平行,间距不得超过肩宽。

(6) 双手相交或平行。

2) 坐姿要优雅

需要坐下时,首先要礼貌地主动请乘客入座,然后自己再就座。坐姿要文雅,端庄,稳重,大方。

(1) 入座的要求。

注意顺序,讲究先后顺序,礼让尊长;究方位,式场合通常左进左出;座无声,入座、调整坐姿,要尽量轻稳,不慌不忙,悄无声息;座得法,走到座位前,轻缓转身背对座位,双脚与肩同宽并行,右脚向后退半步,待腿部接触座位边缘后,再从容不迫地慢慢坐下,然后右脚与左脚并齐。女子入座要娴雅、文静、柔美,若穿裙子,坐下前应用手把裙子向前拢一下,以显得端庄娴雅。

(2) 坐姿的要求。

头正。头部挺直,双目平视,下颚微收。嘴微闭,面带微笑。

肩平。身体端正,两肩放松。

躯挺。挺胸、收腹、立腰,上身微微前倾,以示谦虚和尊重。

坐中。坐椅面2/3的面积。

手稳。双手相交或平行。座椅上手的姿势:自然放在双膝上或椅子扶手上。桌面上手的姿势:双手自然交叠,将腕至肘部的三分之二处放在桌子上。

两脚平落地面,腿紧并或平行。女士双腿靠紧,垂直于地面或侧放,也可交叉重叠,但要注意将腿向内收。男士双腿平行,间距不得超过肩宽。或将两腿交叉重叠,但要注意将腿向内收。

（3）离座的要求。

先有表示:离座时,身旁如有人,应用语言或动作先向其示意。

注意先后:要讲究先后顺序,礼让尊长。

注意方向:从左离开。

起身缓慢:离座时,动作轻缓,无声无息。

离座得法:离座时,右脚先向后退半步,站起身,离开座位。

站稳再走:离开座椅后,要先站定,再离去。

3）走姿要稳健

（1）走姿基本要求。

从容、稳直、轻盈

（2）具体要求。

步位标准、步度适中、步态优美、步高合适、步速均匀、步声轻微、身体协调。

4）风度要潇洒。沟通者要态度谦和,步子沉稳,潇洒自信,面带微笑,注视乘客。

5）介绍要起立。当别人介绍时,应自然起立,向对方点头致意,或握手问好,切不可稳坐不动或微微欠身。

6）交谈要亲切。说话要亲切,声音要柔和;表情要自然,手势要适度;姿态要端庄、举止要稳重;称呼要恰当,叙事要清楚、说理要透彻,语言要委婉。

7）礼节要到位。见面要问好,结束道别。说错了要道歉,夸你要道谢。

总之,沟通活动是一种高级社交活动,沟通者要按照礼仪要求,注意自己言行,给人一种彬彬有礼的印象。

8. 沟通者服饰的要求

沟通者在选择服饰时,要注意协调,有整体感。

1）服装要与身材协调

（1）图案要与身材协调,扬长避短。例如,瘦长者穿横条的服装可显得较丰满,矮胖者穿竖条的服装可显得较苗条。

（2）色彩要和肤色、体形相协调,相得益彰。例如白皙者穿深色、浅色的服装都可以,较黑者穿稍浅色的服装较合适;肥胖者穿深色服装可显得较苗条。瘦削者穿浅色服装可显得较丰满。

2）服装要与内容协调

沟通者要根据沟通内容的不同选择服装的款式和色彩。

（1）款式要与内容协调,烘托气氛。如果是正式的高层次的社会活动,服饰要庄重。如果是轻松的场合,可以随意自然,但不可暴露。

(2)色彩要与内容协调,突出中心。颜色给人的感觉是很敏感的,不同的颜色有不同的寓意和象征。例比:如果内容是严肃、郑重的,或愤怒、哀痛的,穿深色或黑色衣服比较合适,能给人深沉、庄重之感;如果内容是欢快喜悦的,穿红色、黄色的衣服更好些,能让人感到喜庆、愉快;另外白色能使人感到纯洁,蓝色能使人感到安静。

3)服饰要与环境协调

沟通者的服饰要与季节、现场的气氛、乘客的装束相协调。服务人员的服饰要求端庄、大方、美丽,不可过于华丽时髦,否则会分散乘客注意力,也不符合服务员的身份和工作环境的要求。

4)服饰要与身份协调

空乘服务人员的服饰应该端庄整洁、美观大方、风格高雅、色彩和谐、行动方便,与自己的性别、年龄、职业协调,充分体现空乘服务的特点,反映空乘人的精神风貌、职业素养和审美层次。空乘服务人员的服饰包括:服装、工号牌、发卡、化妆品、丝巾、领带、首饰、手表、眼镜等。

5)沟通服饰的注意事项

(1)不要穿过于华丽、时髦、复杂的服装。

(2)不要戴过于华丽、时髦、复杂的项链、耳环、戒指。

(3)不要戴有色或变色眼镜。

(4)不要穿背心、短裤、短裙、拖鞋。

第二节 空乘服务沟通技巧

服务人员真实反映自己的想法,让对方乐于接受,并达到一致的目的,就是有效沟通。有效沟通的关键就是怎样说,比说什么更重要。因此,要想取得最好的沟通效果,必须通过语音、词汇、语法、语调等有声语言和表情、手势、姿态、动作等态势语言的多种语言技巧,使用最为丰富、最恰当的表达方式。

在人际沟通中,就其影响力来说,沟通的语言(内容)占7%,影响最小;沟通的声音占38%;沟通的动作占55%,影响最大。由此看来,沟通的成败,主要取决于沟通的方式(声音和动作)。所以要想成为一名成功的服务人员,取决于乘客认为您所解释的信息是否可靠而且适合。

航空服务沟通的理想境界:激发乘客沟通的欲望;理解乘客的沟通行为;保持愉快的心情;认真倾听乘客说话;让对方觉得受尊重;主动关心乘客;真诚赞美乘客;说乘客感兴趣的话。

一、空乘服务沟通技巧

一个人的成功,离不开健康和谐的人际关系,为了提升个人的竞争力,必须学会与人沟通。同样空乘服务人员进行优质服务,也离不开健康和谐的服务关系,为了提高服务水平,必须学会运用有效的沟通方式和技巧,灵活、恰当地与乘客沟通。

(一) 有效沟通的态度技巧

良好的态度是有效沟通的前提。有了良好的态度,才能让别人接受你、了解你。

与别人沟通,应保持谦虚的态度。无论是否同意对方的意见,都应该充分尊重对方。如谈话时,保持良好的姿态,身体微微前倾;保持微笑,用目光与对方交流;适时进行反馈,让对方觉得你很重视;避免不礼貌的动作,如不停地看表、玩钥匙等。

沟通的态度障碍:

专家自居:评价,安慰;

傲慢无理:讽刺,挖苦;

发号施令:命令,挑衅;

回避矛盾:模棱两可,保留信息,转移注意力。

(二) 有效沟通的倾听技巧

沟通首先是倾听的艺术。耐心的倾听是对说话者的尊重,是取得智慧的第一步,是有效沟通的关键。有智慧的人都是先听再说。医学研究表明:婴儿的耳朵在出生前就发挥功用了。苏格拉底说过:自然赋予人类一张嘴、两只耳朵,也就是要我们多听少说。所以,一个服务员如果能够耐心倾听乘客的谈话,并随谈话的内容喜、怒、哀、乐,会令乘客觉得你很投入、很真诚,沟通会越来越融洽。在听话中,要耐心、冷静、善解人意,处处表示对乘客的尊重,很快建立起相互信赖,即使有矛盾也很容易化解。

1. 有效倾听的意义

可以激发乘客的谈话欲;可以获取很多的服务信息;可以预见即将发生的问题;可以弥补自己的弱点;可以发现乘客的意图、理解乘客的感受;可以调整自己的思路或对策;可以获得乘客的友谊和信任;可以改善同乘客的关系;可以获得加薪、晋升和嘉奖。

2. 有效倾听的过程

预计对方可能做出的反应;感受对方讲话的内容和感情;关注自己需要的内容;理解对方的意思和感情;作出结论性的评价;作出行为选择。

3. 有效倾听的技巧

1) 加强注意力

如:神情专注,微笑点头;一视同仁。

2) 加强理解力

如:主动倾听,理解对方的立场、感情;理解信息内容。

如:求同存异,允许有不同的立场和见解;

3) 加强记忆力

如:记住要点;不要演绎;认真做笔记。

4）加强辨析力

如：去除干扰障碍。

5）加强灵敏力

注意对方的动作表情和话外音。

6）加强互动力

鼓励：积极反馈，促进对方表达意愿。如：让对方把话说完："请接着说"；点头、微笑、赞许："你的意思我明白了，我很理解！"；表示感谢，以示鼓励；"谢谢你对我的信任！"

询问：以探索的方式获得更多的信息。如：提问引导，"后来呢？"

征求意见："你认为这样做行呢？"

反应：告诉对方你在听，同时确定对方了解你的意思。

重述：用于沟通结束时，适时确认求证没有误解对方的意思。

如：适时求证："您说的是这个意思吧？""是否可以这样说……"。

4. 有效倾听的障碍

与我无关，态度冷漠；厌烦情绪，态度敷衍；观点不同，态度逆反；急于表达，中途打断；态度武断，主观臆断；以貌取人，先入为主；心有旁骛、用心不专；断章取义、以偏概全。

（三）有效沟通的说话技巧

沟通前清晰、富有逻辑的思考，是有效沟通表达的前提。

（1）声音柔和、语言准确、通俗易懂，并充分利用态势语，尽量避免使用方言和专业术语；

（2）叙事要中心突出，简洁明了；

（3）说理要观点明确、言之有据、条理清晰；

（4）表达要注意节奏，对地名、人名、时间等重要信息可放慢速度；

（5）要多用敬语、礼貌用语和讨论的语气；

（6）根据时间、地点、人物不同随机应变；

（7）让对方开口，并注意保护乘客的自尊。说话的注意事项：

好事情：播新闻；

坏事情：设底线；过去事，不再提；

敏感事：作引导；免冲突：发信息；

不同人：巧应对。如见乘客说人话，见歹徒说鬼话。

（四）有效沟通的观察技巧

观察，是指细察事物的现象、动向。有些信息可以通过乘客的行动和表现传达出来，如果服务员能进行细心的观察，会从中得到很多对我们服务有帮助的信息。

1. 观察乘客的条件

（1）有明确的目的；

(2) 有相关的知识。

2. 观察乘客的技巧

(1) 捕捉面部表情,洞察眼睛的变化。如看天,不感兴趣。

(2) 观察体型、肤色,如肤色惨白,可能身体不好,需要照顾。

(3) 留神手势、动作,如握紧拳头,很愤怒。

(4) 注意距离的亲疏,如距离远,关系冷淡。

(5) 观察语言特点。

(6) 观察衣冠服饰。

(7) 观察行李用具。

(8) 观察生活习惯。

(9) 领会地位暗示。如面试时,隔一张桌子,代表权威。

(五) 有效沟通的提问技巧

适当的提问是有效沟通的保证。适当的提问不仅可以确认对方表达的信息,让对方说出心里话,从而了解他的真实想法,还可以集思广益、开阔思路,使自己的想法更加完善、成熟。提问的方式主要有以下四种:

1. 开放式提问

开放式提问是指以5W1H(What/Who/Which/Where/Why/How)来回答,不限制答案的提问方式。例如:

"请您谈谈对中国空乘的印象。"

2. 封闭式提问

封闭式提问是指以Y/N(Yes/No)来回答,确定事实的提问方式。例如:

"您需要芒果汁吗?"

"您需要我帮忙吗?"

3. 探讨式提问

探讨式提问是指就某个问题进行深入讨论的提问方式。例如:

"您看下一步怎样办?"

4. 反射式提问

反射式提问是指就某个问题向不同的人寻求意见的提问方式。例如:

"先生,请教一下,国外类似的情况如何处理?"

空乘服务中使用哪种提问方式应根据具体情况而定。一般来说,提问时应注意察言观色,先用提一些简单的问题,引导对方说出真实的想法,这是非常重要的。例如:

在看到某位乘客情绪低落或神情焦急,可以亲切地询问:"先生,您有什么需要我帮助的吗?"

(六) 有效沟通的反馈技巧

及时的反馈是有效沟通的标志。沟通的对方不仅在意你对问题是否重视,更在乎你的看法、意见。如果有回应，特别是建设性的回应，会增强双方的认同感，容易达成一致。例如：

可以用"原来是这样啊！""我也这样认为。"等语言以及点头、微笑、全神贯注地倾听等体态语来回应对方谈论的问题。

（七）有效沟通的称呼技巧

称呼要规范，并因人而异。

1. 记住重要乘客的姓名

姓名代表一个人的自身，自身受到尊重，人才会感觉快乐。所以，尊重一个人要从尊重他的姓名开始。

我们遇到人，初次见面时都会亲切地寒暄，交换名片，亲如姐妹一般，可是一转身，就想不起对方的名字了，还会辩解说："记性不好。"其实姓名是一个人最宝贵的东西，记住对方的姓名，很容易赢得好感。

2. 对一般乘客使用尊称

在服务过程中，对一般乘客我们始终要用尊称。使用尊称要注意了解乘客所处国家和地区的称谓和禁忌习惯，以避免不得体的称呼而产生的矛盾。例如：

在西方，对已婚女性，可称太太或夫人等。婚姻状况不明的，可称女士或小姐。

（八）有效沟通的招呼技巧

1. 对外宾用对方的母语

空乘服务的第一句问候语很重要。和外宾初次见面，如果用对方的母语打招呼，那么客人将会非常的意外和亲切。所以，服务人员应该多学几种问候语，如"你好！""谢谢！""再见！"等，哪怕生硬、笨拙，也没关系。

2. 对国人用规范的用语

向本国乘客打招呼，一般要用规范的礼貌用语。我们国家地域广大、民族众多，语言十分复杂，各地都有自己的方言，所以向自己的同胞打招呼，一般要用规范的礼貌用语，如"你好！""请！""谢谢！""再见！"等，这样既可以为纯洁民族的语言做贡献，又可以避免引起误解和矛盾。

（九）有效沟通的赞美技巧

得体的赞美，会让人感到受到尊重，从而获得快乐、温暖，被赞美的人也会给你真诚的回报。所以航空服务人员要学会欣赏乘客、赞美乘客，让乘客受到尊重、获得快乐。

赞美乘客的原则：

把握分寸，赞美乘客要把握好分寸，否则，会让对方觉得没有诚意，从而失去赞美的意义。例如，一个相貌平平的乘客，你夸她貌若天仙，她一定会认为你在敷衍。所以，服务人员一定要把握分寸，适可为止地赞美乘客，让乘客感到我们的诚意。

实事求是，要善于发现对方的优点进行赞美，否则，会让对方觉得虚假，甚至讽刺。要了解赞美与吹捧的区别,赞美是建立在实事求是基础上的。而吹捧则是无中生有或夸大其词的恭维和奉承。所以,赞美要看对象。对一位相貌漂亮的姑娘,夸她"漂亮"最恰当;对相貌平平的姑娘,夸她"气质好"才得体;对长相无可称道的人,夸她"有教养"才合适。所以服务人员实事求是、因人而异地赞美乘客,才能取得好的效果。

二、空乘服务意识训练

(一) 空乘服务意识的概念

服务意识是指企业全体员工在与一切企业利益相关的人或企业的交往中所体现的为其提供热情、周到、主动的服务的欲望和意识。即自觉主动做好服务工作的一种观念和愿望,它发自服务人员的内心。

空乘服务意识是指空乘企业全体员工在与乘客或相关企业的交往中所体现的为其提供热情、周到、主动的服务的欲望和意识。

服务意识有强烈与淡漠之分,有主动与被动之分。这是认识程度问题,认识深刻就会有强烈的服务意识;有了强烈展现个人才华、体现人生价值的观念,就会有强烈的服务意识;有了以公司为家、热爱集体、无私奉献的风格和精神,就会有强烈的服务意识。

服务意识的内涵是:它是发自服务人员内心的;它是服务人员的一种本能和习惯;它是可以通过培养、教育训练形成的。

(二) 空乘服务意识的要求

从乘客的角度看,乘客花上比坐汽车、火车高许多的价钱坐飞机出行的目的,不外乎有三个方面:一是安全,二是快捷省时,三是舒适。所以,一旦我们的服务不能够让乘客实现这样的目的,乘客就会不满、甚至抗议。所以,空乘服务意识最基本的要求是:先做好服务工作,解决乘客的实际问题,其他问题应该放在服务之后来解决;为乘客服务的目标是让乘客满意,企业的最终追求是企业的利润和发展;信守服务承诺,用心服务并乐于为乘客服务,并给他们带来欢乐!

(三) 空乘服务意识的内容

1. 明确的服务目标

积极、主动、用心的为乘客服务,为我们的未来服务,这是空乘服务的明确目标。这一服务目标要求我们,不管乘客叫我们做什么,只要乘客的要求和行为不违反法律、不违背社会公共道德以及不涉及飞行安全,我们都必须表现出对乘客服从。乐于被乘客"使唤",并照做不误,这就是空乘服务中最正确的服务意识。服从的人必须暂时放弃个人的独立自主,全心全意去遵从另一方的价值观念。服从,是服务业员工的天职,所谓"有理是训练,无理是磨练",无理之前都能接受,有理之前怎么会不服从呢?服从,更是一种社会秩序的建立,是一种伦理道德的展现。

2. 准确的角色定位

永远不要和乘客"平等",这是空乘服务人员的角色定位。为了提高服务水平,空乘服务人员应提高自己的角色认知能力。角色指的是某个人在某个场合中的身份。角色定位指的是一个人在工作过程中必须准确的定好自己在工作过程中需要扮演的角色。角色认知是指每个员工在服务这个大舞台上,都在充当一定的角色,员工是什么角色就唱什么调,绝不能反串。然后,根据社会对自己所扮演的角色的常规要求、限制和看法,对自己的行为进行适当的自我约束。

经常听到我们的空乘人员和地面服务人员抱怨:"现在的乘客素质越来越差","服务这碗饭真不好吃","凭什么我要受乘客的气"。有这种那种怨气的员工最根本的错误就在于:没有明确自己的角色!总认为乘客是人,他们也是人。实际上,在对乘客服务的时候,服务的提供者永远不可能与乘客"平等",这样的不平等被服务大师定义为"合理的"不平等。因为乘客是付钱的消费者,而服务人员是收钱的服务者。乘客支付费用购买的是产品,而这产品包括两个方面的内容:一是实物产品——航空器上某一座位在某一时间的使用权;另一内容是无形的产品——服务(乘客购买服务的目的是要开心旅行)。

在空乘服务中,应该这样理解平等:第一,对所有乘客一视同仁、同等对待;第二,所有乘客购票、定座、乘机机会均等;第三,只要可能,应满足所有乘客的最基本的需要。第四,乘客支付费用,享受服务的满足;员工付出服务的努力,挣取自己的工资收入。

3. 正确的服从理念:乘客永远是对的

"乘客永远是对的"这句话并不是对客观存在的事实所做出的判断,它只是对服务人员应该如何去为乘客服务提出了一种要求,提出了一个口号。它是空乘业对服务所理解的一个精神,意思是要把"对"让给乘客,即把"面子"留给乘客,但是不一定乘客事实上都是对的。具体体现在以下四个方面:

(1) 要充分理解乘客的需求。对乘客提出超越空乘服务范围、但又是正当的需求,这并不是乘客的过分,而是服务产品的不足,所以应该尽量作为特殊服务予以满足。如果确实难以满足,必须向乘客表示歉意、谅解。

(2) 要充分理解乘客的想法和心态。对乘客在空乘外受气而迁怒于空乘,或因身体、情绪等原因而大发雷霆,应该给予理解,并以更优的服务去感化乘客。

(3) 要充分理解乘客的误会。由于文化、知识、地位等差异,乘客对空乘的规则或服务不甚理解而提出种种意见,或拒绝合作,必须向乘客做出真诚的解释,并力求给乘客以满意的答复。

(4) 要充分理解乘客的过错。由于种种原因,有些乘客有意找碴,或强词夺理,必须秉承"乘客总是对的"的原则,把理让给乘客,给乘客以面子。

正确的服务意识、强烈的服从观念,就是要求确实把服务当成心爱的事业,把乘客当成心爱的"人",细心、精心、留心,为乘客提供体贴入微的,最后达到让乘客舒心的服务；投入真情，感恩戴德，亲情回报，以真诚赢得乘客忠诚，最后达到价值双赢的服务；用心、用脑、用艺术和智慧，最后达到"传奇的服务"。

（四）空乘服务意识训练

（1）每天早起，调整自己脸部的肌肉，练习微笑。

（2）每天早晨，按时单独或协助周围的人准备早点。

（3）仪表整洁，着装规范，准时上班。

（4）在公交车上，主动为年老体弱者（老弱病残孕及带小孩者）让座、提行李。

（5）上班后见到每个人都主动微笑并问好。

（6）上班时用微笑对待每一个人，尽力帮助身边的每一位同事和顾客。

（7）每天下班后，跟家人或朋友谈些令人愉快的话题。

（8）每周看望一次自己的父母，让他们高兴。

（9）当别人和自己意见不一致时，主动采取妥协让步的做法。

（10）多挖掘、欣赏、赞美周围人的优点和长处。

这样每天认真坚持训练，一段时间以后，心态和行为就会形成一种习惯。

三、空乘服务礼仪训练

（一）服务语言礼仪

礼仪是人际交往中表示礼貌的有效形式，是人们在长期的生活交往过程中形成的一种表现相互尊重、友好相处并为大家共同遵循的行为规范。注重礼仪、礼貌，是空乘服务人员的工作最重要的职业基本要求之一，它体现了航空服务人员的个人文化修养和航空职业素质，也是良好服务意识的具体体现。所以我们要求航空服务人员在语言上要讲究语言艺术，谈吐要文雅，同时注意语气和语调。在具体服务过程中不卑不亢，态度和蔼可亲，始终保持笑脸相迎。

（二）非服务语言礼仪

1. 眼神的运用

见面时，要用目光正视对方片刻，面带微笑，显示出喜悦，热情的心情。对初见面的人，还应头部微微一点，表示出尊敬和礼貌。

交谈中，应保持目光的接触，这是表示对话题很感兴趣。

交谈中，随着话题、内容的变换，要做出及时恰当的反映。

2. 手势训练

指人、指物、指方向时，应当是手掌自然伸直，掌心向上，手指并拢，拇指自然稍稍分开，手腕伸直，使手与小臂成一直线，肘关节自然弯曲，指向目标。打招呼时应通过手臂摆动、摇晃来指示。

3. 点头礼

规范的点头是面正、微笑、目平视，头快速上扬后下点。男士点头时速度稍快些，力度稍大些,体现男性的阳刚洒脱;而女士的上扬和下点速度稍慢些,力度稍小些,体现女性的阴柔娴雅。

4. 微笑训练

(1) 微笑与眼睛的结合;

(2) 微笑与语言的结合;

(3) 微笑与形体的结合。

【案例 2.1】

乘客怎么打起来了?

某航空公司从北京飞香港的航班上,在正常的空中服务快接近尾声的时候,一位老人家向空中乘务提出了需要一杯热开水的请求。这位空姐随即向该乘务组的乘务长说明此事,在说的过程中,她错误的使用了"老头"这一称谓,在边上坐着的一位客人听了非常不舒服,于是向乘务员提出抗议,乘务员和乘务长都同时向该客人表示了歉意,客人也没有表示异议,事情本该到此结束。可那位不会得体的称呼客人的乘务员却自作聪明的解释:"老头,在北京话中也不是不尊重,我没有其他意思。我也不容易,现在还在发烧……",乘务员的话还没有说完,就被机上一批刚经历了"非典"的香港客人的愤怒和惊恐打断了。他们一听到发烧就本能的联系到"非典",他们觉得航空公司让发烧的人员为他们服务,是对他们生命的藐视,他们要航空公司给说法,一时间,飞机上一片混乱,任乘务人员怎么解释都无济于事。这时,飞机上另外的乘客看不过去了,在劝说他们无效的情况下,与他们争执起来,继而发展到双方动手的地步,机上的乘务员也无法控制这一混乱不堪的局面。(陈淑君.《和谐空乘——空乘服务、沟通与危机管理》)

【问题思考】

(1) 该案例中称谓的意义是什么?

(2) 该案例中空乘人员的失误是什么?应该怎样避免这些情况的发生?

(3) 现实生活中,大学生有哪些不良的称谓习惯?

【案例 2.2】

凌燕振翅 情润蓝天

在东航凌燕组组内有着这样的一系列亲情服务准则:如果您是年纪较大的乘客,凌燕就是您的孙女、您的拐杖;如果你是可爱的小朋友,凌燕就像"小燕子"一样,是你的好姐姐;如果您是初次乘机的乘客,凌燕就是您的好导游;如果您是带着嗷嗷待哺婴儿的年轻母亲,凌燕会是称职的保育员;如果您身体不适,凌燕会为您送上机内配备的常用药品。

一次在上海飞往香港航班上,一位乘客由于脚部浮肿,穿不上鞋,他向乘务员苏佳表示,希望得到一个鞋拔。那时只有中远程航线才配备鞋拔。苏佳只能抱歉地说声"对不起"。这一声"对不起"不仅让苏佳心里难过,也让整个凌燕组感到揪心。乘客的需要就是我们服务提高的台阶。很快,鞋拔就配上了航班,不仅鞋拔,上海市地图、上海地区各大宾馆客房价目表、旅游景点介绍、针线包、象棋、扑克、儿童玩具,甚至生日卡、结婚卡等都登上了飞机。现在,它们已经不再是凌燕组的专利了,它已成为东航整个空中服务的一部分。(摘自中国空乘报. 张菁,顾伟倩,唐建,朱怡)

【问题思考】

(1) 该案例中凌燕组服务的特点是什么?
(2) 该案例中空乘人员的服务意识如何?
(3) 现实生活中,大学生应该怎样培养自己的服务意识?

提示:该乘务组的服务体现了空乘人员:

爱心服务:爱心服务要知道乘客的需要;爱心服务会无私奉献;爱心服务要发自内心。

贴心服务:一般人都不愿意多事,而凌燕组却超过服务范围配上了鞋拔、上海市地图、各大宾馆客房价目表、旅游景点介绍、针线包、象棋、扑克、儿童玩具、生日卡、结婚卡等,充分体现了她们充满爱心,把乘客当亲人的情怀。

学习单元三
空乘服务沟通语言训练

学习重点

通过本单元的学习，使学生了解空乘服务人员的语言素养，掌握空乘服务沟通的基本用语、岗位语言，并通过基本用语、岗位语言训练和空乘服务意识、空乘服务礼仪训练，培养空乘服务人员的沟通素质，为空乘服务有效沟通积累经验。

第一节 空乘服务沟通语言训练要求

语言是用来表达意愿和交流思想感情的工具。语言在空乘服务过程中的重要性是很突出的，它关系到航空公司的服务质量，关系到航空公司的生存和发展，也是航空服务质量的核心、是航空公司赢得客源的重要因素。所以作为一个空乘服务人员在服务时语言一定要谈吐文雅、语调亲切、音量合适、语句流畅。问与答要简明、规范、标准。所以，作为一名空乘服务人员，具备良好的语言素质是做好空乘服务工作、提高空乘服务质量的前提条件。

一、空乘服务沟通语言要求

（一）表达能力强

空乘服务人员为客人提供服务时要使用普通话或规定的外语语种。声音甜美，音量和语速适中。字音要清晰，语调要讲究抑扬、顿挫、轻重、缓急，可根据当时要表达的内容来确定语速。需要核对对方信息时放慢语速，确保准确性。

（1）用词准确、规范、简练、文雅，尽量不使用专业术语；
（2）发音准确、清晰、甜美；
（3）语句流畅、简洁，多用服务敬语、尊称和姓氏称呼；
（4）语意简明、通俗、清晰；
（5）语气温和，语调柔和，音量语速适中；
（6）谈吐温婉、热情；
（7）举止优雅、得体；

(8) 表情丰富、自然,多用微笑;

(9) 态度亲切自然、谦恭有礼、心平气和、委婉诚恳、不卑不亢;

(10) 正确使用普通话或方言,对外宾使用英语。

(二) 应变能力强

根据不同的场合、地点和具体的情况,灵活使用语言,更快地缩短与乘客间的距离。

(三) 具有艺术性

语言要巧妙得体,尽可能地了解客人的文化背景,更多地了解客人的信息。真正做到语言得体。空乘服务人员语言的注意事项:

(1) 神情专注,不要左顾右盼、不停地看表;

(2) 音量适度,不要大喊大叫、含糊不清;

(3) 讲究语速,不要过慢或过快,过慢,使人感觉沉闷,过快,使人思维跟不上;

(4) 面向乘客,垂手恭立;

(5) 举止文雅,少用手势,不要边走边讲、手放在口袋里、双臂放在胸前;

(6) 讲究礼貌,不要打断别人;

(7) 不论时政,不谈宗教;

(8) 察言观色,进退有序;

(9) 注意身份,热情适度;

(10) 对乘客提出的意见和要求,不要有厌烦的情绪和神色,更不可用责备的口吻甚至粗暴的言语;

(11) 不要打断乘客的讲话,如不得已时,应等对方讲完一句话后,说声"对不起",再进行说明;

(12) 忌打听乘客的个人隐私,如乘客的薪金收入、年龄、衣饰价格等;

(13) 服务过程中,不得与乘客嬉笑玩闹,更不可对乘客评头论足;

(14) 尽量满足乘客要求,做不到要耐心解释,不可急慢;应允的事情一定要落实,不能言而无信。

说话作为人们最简单的表达方式,它的重要性是不言而喻的。在纷繁复杂的空乘服务工作中,我们要学会更深刻的领悟话语的真谛,学会如何讨人喜欢的说话,才能把话说到对方的心坎里,获得对方的好感,从而提高服务质量。

二、空乘服务沟通语言规范

1. 主动热情的问候

空乘服务员迎送乘客或与乘客碰面时,都应主动热情地向乘客问候,给乘客留下良好的第一印象。问候时应热情、真诚,如:"先生,您好!欢迎您登机!"

2. 友好善意的提示

由于乘客对客舱环境、客舱设备和客舱安全规定不熟悉,空乘服务员在服务过程中应给与必要的语言提示和帮助。

3. 细致耐心的介绍

空乘服务员向乘客介绍航班情况、机上设备、安全要求时，必须细致耐心，言简意赅、条理清楚，不仅要让乘客理解所介绍的内容，而且要让乘客易于接受。

4. 体贴的征询

征询是指征求乘客对服务的意愿。特别是在为乘客办理票务、行李、送餐、送水时，空乘服务员要充分尊重乘客的意愿，在无法满足乘客的意愿时，要向乘客提供其它建议。

5. 和蔼委婉的拒绝

空乘服务员对乘客提出的不合理的要求应予以拒绝，但在使用语言时要语调和缓、言辞委婉，既要让乘客知道其要求无法得到满足，又要使其获得应有的尊重。

6. 果断的制止

当乘客的行为影响到飞机安全时，空乘服务员应态度坚定的进行制止。

7. 真诚的致歉

致歉是指空乘服务人员在服务过程中，因工作失误或服务不周给乘客情绪带来不良影响而采取的语言弥补措施。在致歉时空乘服务人员一定要态度真诚。例如航班延误，乘客上机后，应向乘客表示歉意："女士/先生，您好！非常抱歉让您久等了！辛苦了！"

8. 衷心的感谢

空乘服务人员在客舱服务过程中对乘客给与的各种配合应表示感谢。

三、空乘服务沟通语言训练方法

语言的进步是一个潜移默化的过程，要想在航空服务中进行有效的沟通，为乘客提供优质的服务，必须进行艰苦的训练。训练方法内容如下：

1. 练好普通话

普通话是沟通的基础，语言不标准会直接影响沟通的效果，因此要利用一切机会刻苦练习普通话，尤其是课堂练习(图3.1)。

图 3.1　普通话训练

2. 熟悉业务

航空服务业务知识关系到沟通的内容和目的，也会直接影响沟通的效果，因此要努力掌握业务知识，尤其是实训练习要认真对待(图3.2)。

3. 掌握沟通技巧

沟通技巧是沟通能力和沟通方法的具体体现，同样会直接影响沟通的效果，因此要利用一切机会刻苦练习沟通技巧，尤其要重视课堂练习(图3.3)。

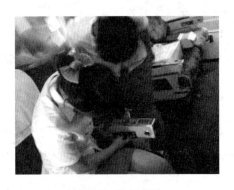 

图 3.2　业务训练　　　　　　　图 3.3　技巧训练

4. 服务沟通训练

服务沟通是沟通的实施过程,是空乘服务的主要沟通形式,因此要利用一切机会刻苦练习服务沟通,尤其是实训练习要勤奋努力(图 3.4)。

5. 广播词播音训练

广播词播音是沟通的重要方法,是空乘服务沟通的重要沟通形式,因此要利用一切机会刻苦练习广播词播音,尤其是课堂练习要按要求训练到位(图 3.5)。

图 3.4　服务用语训练　　　　　图 3.5　广播词训练

第二节　空乘服务正常情况沟通训练

一、空乘服务岗位用语训练

(一)基本服务用语训练

1. 基本服务用语要求

见面时,称呼要正确,称先生、女士或职务等,多称"姓氏+先生/女士"。

招呼时,语言要礼貌,用"您好",同时伴以微笑、点头等动作。

失误时,道歉要诚恳,用"对不起"、"不好意思"、"非常抱歉"、"请原谅"、"请多包涵"等。

分歧时,请更高层领导决断,不准进行讨。

中断时,首先应取得乘客谅解,然后再与同事做简单的咨询和信息的传达,时间以不超过一分钟为宜。如"不好意思,能否打断一下,……。"

棘手时,回答要委婉,用"非常抱歉,这事我还不能立即答复,请您留下联系电话好吗?我们一定及时了解请况,给您一个明确的答复。您的电话是××"。

工作时,不准谈与工作无关的事情,不准交头接耳、嬉笑玩闹,不准对乘客评头论足;不准有厌烦、疲倦的情绪和神色,更不准用轻蔑、责备的口吻甚至粗暴的言语。

2. 基本服务用语训练

问候语:您好!您早!中午好!晚安!您好吗?

祝贺语:恭喜!祝您节日快乐!新年快乐!圣诞快乐!生日快乐!生意兴隆!

告别语:再见!晚安!明天见!祝您旅途愉快!一路平安!欢迎您再来!

应答语:不客气!没关系!非常感谢!谢谢您的合作!这是我应该做的!

道歉语:非常抱歉!对不起!请原谅!打扰您了!让您久等了!请别介意!给您添麻烦了!

(二) 岗位服务用语训练

空中乘务阶段是乘务员为乘客服务的主要过程,服务要求做到:

主动、热情、周到、有礼貌。

与乘客对话时面对乘客,目光注视对方,保持适当距离。

注意自己的身份,讲话把握尺度、时间

发送机供品时从里向外,主动介绍物品名称及内容。

优先照顾外宾、女宾、老人、儿童。

言而有信,尽量满足乘客要求,如不能须合理解释,讲究语言技巧。

随时保持客舱清洁,服务中一视同仁,出现失误及时致歉,对举止不端的乘客镇定回避,必要时报告机长。

细心观察乘客,及时处理各种需求,排除各种隐患,对特殊乘客提供及时周到的服务。

夜航飞行中,注意对客舱灯光及温度的调节,经常巡视客舱,脚步要轻,及时提供各种机供品。

头等舱乘客睡醒后要主动送上热毛巾,提供服务。

下面根据工作流程进行训练:

1. 迎客服务用语

1) 欢迎登机

a. 您好!欢迎登机!

b. 请出示您的登机牌!

c. 可以看一下您的登机牌吗?

d. 请问您的座位在哪里?

e. 您的座位在 12 排 B 座,里面请。

f. 请随我来。

英语：

a. Morning, madam(sir). Welcome aboard!

早上好，女士（先生）。欢迎登机！（图3.6）

图3.6　欢迎登机

b. May I introduce myself, I'm _____, the chief purser of this flight.

请允许自我介绍。我叫_____，本次航班的乘务长。

c. Good morning, sir. Welcome aboard. business class or economy?

早上好，先生。欢迎登机。坐公务还是经济舱？

d. You're flying economy class, is that right?

您是坐经济舱，对吗？

e. Follow me, please. Your seat is in the middle of the cabin.

请跟我来，您的座位在客舱中部。

f. An aisle seat on the left side——here you are, sir.

是左边靠走廊座位——这是您的座位。

g. I'm afraid you are in the wrong seat. 20c is just two rows behind on the other aisle.

恐怕您坐错位子了，20c正好在那边走廊的后二排。

h. Excuse me for a second, I'll check.

请稍等一下，我查查看。

2) 安排行李

a. 您的行李已经安排好了，在这里，您看一下，下机时我会帮您提。

b. 前面的乘客请先让一下，让后面的乘客先通过，放不下的行李稍后我会帮您安排，谢谢！

c. 您的大件行李可以放在行李架上，小件行李、小推车可以放在前排座椅下方。

d. 您好！这件行李太重了，麻烦您能和我一起放一下吗？（个人建议不要麻烦）

3) 确认紧急出口乘客资格

对不起，这是紧急出口座位，按照有关规定，您是不适合坐在这里的，我为您调换

一下好吗？（图3.7）

图3.7　紧急出口提示

2. 关闭机舱门后服务用语

1）客舱安全检查用语

a. 请您系好安全带！谢谢！

b. 请您调直座椅靠背！谢谢！

c. 请您收起小桌板！谢谢！

d. 请您把遮光板打开，谢谢！

e. 请关闭手机！谢谢！（图3.8）

图3.8　关闭手机提醒

f. 请问，卫生间有人吗？

g. 飞机马上要起飞了，请不要在客舱内走动。

2）安全演示广播：飞机起飞后

广播词：

欢迎词（见学习单元六）

航线介绍（见学习单元六）

3. 客舱服务用语

1）一般服务用语

a. 您想看这些报纸或杂志吗？（图3.9）

Would you like to read these news papers or magazines?

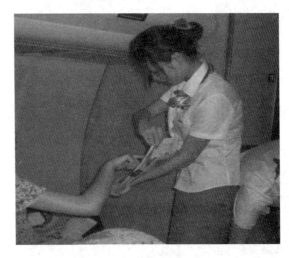

图 3.9 报纸服务

b. 你是去学习还是只去旅游？

Are you going to study there or just for sight seeing?

c. 由于天气恶劣,航班已经延误。

The flight has been delayed because of bad weather.

d. 由于低能见度,机场关闭,我们不能起飞。

We can't take off because the airport is closed due to poor visibility.

e. 我们的飞机颠簸得厉害,请系好安全带。(图 3.10)

Our plane is bumping hard. please keep your seat belt fastened。

图 3.10 安全带提醒

f. 你知道香港的天气不太好,飞机延误了。

You know the weather in hongkong is not so good. It has been delayed.

g. 中国国际航空公司 CA937 航班,上午 7：30 起飞。

Air China flightCA937 leaves at 07：30 in the morning.

h. CA926 航班 17：40 离开东京直飞回北京。

Flight CA 926,leaving Tokyo at 17：40,flies nonstop back to beijing.

i. 先生,这个是阅读灯,这个是呼唤按钮。如果您需要服务(帮助)可以按此呼唤按钮,如果您需要阅读,我来帮您打开阅读灯。

Sir, this is the reading light and this is the call button. If you need any help please press the call button. Let me help you with the reading light if you want to read something.

2) 饮料服务用语

a. 两边的乘客请让一下,谢谢!(图3.11)

图3.11　行进礼仪

b. 我们为您准备了饮料,请问您喝哪一种?

c. 请您将水杯递一下,谢谢!

d. 麻烦您等一下,我们一位一位来好吗?

e. 您想先喝点什么?

f. 请问您的饮料需要加冰吗?

g. 请问有需要加茶水(咖啡)的乘客吗?

h. 我们为您提供的是绿茶,请慢用。

i. 请用小食品。

j. 女士:杯子我可以拿走了吗?

k. 对不起先生,您需要的饮料暂时没有,稍后马上为您送来,您先喝点别的饮料可以吗?谢谢!

l. 你还需要喝些什么?(图3.12)

图3.12　饮料服务

3）餐食服务用语

a. 这是今天的菜单，你想吃些什么？

Here is today's menu. What would you like to have?

b. 谢谢，让您久等了。这是您的饭和咖啡，还要点什么？

Thank you for waiting sir. Here you are. anything more?

c. 甜食要不要？

How about the sweet?

d. 现在可以收拾您的桌子吗？

May I clear up your table now?（图3.13）

图3.13　餐食服务

4）紧急情况服务用语

a. 马上系好安全带。由于飞机发动机出现故障，将做紧急迫降。

Fasten your seat belts immediately. The plane will make an emergency landing because of the sudden breakdown of an engine.

b. 不要惊慌。

Don't panic!

c. 我们的机长完全有信心安全着陆。我们所有的机组人员在这方面都受过良好的训练，请听从我们的指挥。

Our captain has confidence to land safely. All the crew members of this flight are well trained for this kind of situation. So please obey instructions from us.

d. 从座椅下拿出救生衣，穿上它！

Take out the life vest under your seat and put it on!

e. 请不要在客舱内将救生衣充气！一离开飞机立即拉下小红头充气。

Don't inflate the life vest in the cabin and as soon as you leave the aircraft, inflate it by pulling down the red tab.

f. 戴上氧气面罩！

Put the mask over your face!

g. 把你的头弯下来放在两膝之间!
Bend your head between your knees!

h. 弯下身来,抓住脚踝。
Bend down and grab your ankles.

i. 拿灭火器来!
Get the extinguisher.

j. 解开安全带,别拿行李,朝这边走!
Open seat belts. Leave everything behind and come this way!

k. 本架飞机有八个安全门,请找到离你最近的那个门。
This plane has eight emergency exits. Please locate the exit nearest to you.

l. 跳滑下来
Jump and slide down!

二、空乘服务岗位沟通训练

(一)空乘服务岗位沟通的要求

空乘服务中遇到一些问题或矛盾,需要及时沟通、解决。成功的沟通能大事化小,小事化了,否则小事会变成大事,给服务人员个人和航空公司带来不利的影响。成功沟通包括谈话内容设计、口头展示两部分。

1. 内容

(1) 开门见山,简明扼要,是关键。尽量少寒暄,问好即可,然后用一句话说出事由。因为如果语言驾驭力不强,一寒暄就会偏离中心。道别要简洁,不要太啰嗦。例如:

"你好!请不要触摸安全门的设施"。

"先生,我们以安全为重,好吗?谢谢!"。

(2) 结构清晰、层次分明,是前提。沟通内容一般包括:寒暄+事由+道理+道别。内容较多,可以直接分条表述道理。用第一、第二、第三等就行。例如:

"女士,我觉得这个事是这样的。第一,这件事影响飞行安全;第二,您可能想了解航空知识,要是这样,飞行结束我们会帮您……"

(3) 讲清道理,分析利害,是重点。讲清道理,就是要讲清楚,对方的做法对于他自己是很有害的。一定要把这个事情的危害说到位。一般人认为谈话靠语言技巧,其实说服别人是靠道理。而道理就是一件事对于对方的利和害。利害分析,就是去按照常规人际沟通中的人际关系处理原则去分析。例如:

阻止乘客摆弄安全门,就要给对方讲清楚"安全第一""利人利己"等公私两方面的道理。

2. 形式

在形式上,有这么几个注意事项:

(1) 可以让对方思考和说话,但是不管对方怎样回答,都可以继续说:"你说的也有道理。我先接着说,第二呢……"。

(2) 用"第一、第二"的说话方式,简明扼要交代层次。不要太拘泥于一些过渡语的技巧。

(3) 多询问性插入语,比如说"你说呢?""对吧?"

(4) 要眼睛看着对方。例如:

在飞行中,一位乘客在摆弄安全门,你要去阻止他。两个学生互扮服务员和乘客,模拟一下这次谈话。

A:"先生,你好!"(寒暄)

B:"你好!"

A:"请不要触摸安全门的设施。"(事由)

B:"为什么?"

A:"它会影响飞机安全。我们以安全为重,好吗?"(讲理)

B:"好的!"

A:"谢谢您的配合!"(道别)

(二) 空乘服务沟通训练

1. 空乘服务情景模拟沟通训练

两个学生互扮服务员和乘客,模拟以下这些谈话:

情景1:在飞行中,一位乘客没系安全带,你要去阻止他。两个学生互扮服务员和乘客,模拟一下这次谈话。

情景2:在飞行中,一位乘客在摆弄安全门,你要去阻止他。两个学生互扮服务员和乘客,模拟一下这次谈话。

情景3:在飞行中,一位乘客在打电话,你要去阻止他。两个学生互扮服务员和乘客,模拟一下这次谈话。

情景4:在飞行中,一位乘客在吸烟,你要去阻止他。两个学生互扮服务员和乘客,模拟一下这次谈话。

情景5:在飞行中,一位小乘客到处走动,你要去阻止他。两个学生互扮服务员和乘客,模拟一下这次谈话。

情景6:在飞行中,一位乘客坚持把行李放在自己身旁的过道上,你要去阻止他。两个学生互扮服务员和乘客,模拟一下这次谈话。

情景7:在飞行中,一位乘客坚持坐前排,你要去处理。两个学生互扮服务员和乘客,模拟一下这次谈话。

情景8:在飞行中,一位乘客乱丢垃圾,你要去阻止他。两个学生互扮服务员和乘客,模拟一下这次谈话。

情景9:在飞行中,一位乘客要咖啡,正巧咖啡发完了,你要去处理。两个学生互扮服务员和乘客,模拟一下这次谈话。

情景10:在飞行中,二位乘客因小事争吵不休,你要去阻止他们。两个学生互扮服务员和乘客,模拟一下这次谈话。

情景11:在飞行中,一位乘客违反规定要到驾驶室参观,你要去阻止他。两个学生互扮服务员和乘客,模拟一下这次谈话。

情景12:在飞行中,一位小乘客一直哭闹不休,你要去安抚他。两个学生互扮服务员和乘客,模拟一下这次谈话。

情景13:在飞行中,一位乘客找不到行李,你要去处理。两个学生互扮服务员和乘客,模拟一下这次谈话。

2. 其它情景模拟沟通训练

抽取其中一个情景,2人结对扮演服务人员(说服者)与客户(需求者),针对实际情景运用沟通技巧,以适当的文字语言、语音语调、肢体语言及空间语言,实践沟通说服过程。

情景1:你作为售楼员,面对其中一位湖师大男老师,40岁,副处,天天上班、有时值晚班。模拟销售"花园别墅"楼盘。

情景2:你是某航空公司酒店(近候机楼、经营多年、价位不高、饭菜不错)的服务员,如何接待一对来询问住宿情况的老夫妻(在西北工作的本地人)。

情景3:你是某航空公司酒店(近候机楼、经营多年、价位不高、饭菜不错)的服务员,如何接待一个在房内被钉子刺伤的惊慌的房客。

情景4:你应聘航空公司的一个职位,请你模拟整个应聘过程。

情景5:模拟太白金星(一位慢悠悠的、正襟危坐的老者)接受玉帝之命到花果山说服"齐天大圣"美猴王(活泼的、快乐的、积极的)到天廷任职"弼马翁",模拟从招呼……到缔结的沟通说服过程。

情景6:在航空公司购物店购湖南特产"湘绣",商品眼花缭乱并且价位不低,客户犹豫着。恰逢今日有优惠9折并赠送小礼品活动。你尝试有效促成。

情景7:总公司要派人力资源部的老赵到你分公司做副经理,而你心中的理想人选是分公司的小张。于是你回到总公司和总经理沟通。

情景8:你认为自己的工资收入比较低,因此想申请加工资,你将怎样和你的经理沟通?

情景9:你是一个分公司的负责人,有一位员工最近经常迟到,你想找这位员工谈话。这位员工平常的表现很好。

情景10:太白金星夸耀天庭战马大总管的"弼马温"是多么重要而不易任职的一个要职,大圣被忽悠得有些晕乎乎了,急于就想上天到玉帝处报道。但心里又有些不好意思怕被太白金星看出来而被人耻笑,所以忸怩着。此时,你作为太白金星如何有效促成?

情景11:班级准备出外野营活动,大家纷纷出谋划策,关于内容有的提议"九溪十八涧烧烤"、有的提议"大清谷素质拓展"、有的提议"……",关于时间有的说"下周六"、有的要求"五一节"、有的提议"……"。你作为组织委员,最后如何提议来获得一个统一的意见?

3. 综合沟通能力训练

情景1:采访与介绍朋友。

训练目标:训练学生的亲和力、观察力、语言沟通能力、文字整理能力。

训练内容:选一名学生用2分钟时间采访另一名不熟悉的朋友、简单文字整理后,上台不提名介绍他(她)1分钟;然后让同学们明白他(她)是谁,并欣赏他(她);再点评(要点:声音气息饱满、热情流畅;内容优点突出、逻辑性强等);最后请被介绍者对该采访介绍进行评价,提出建议。

训练步骤:找一个不太熟悉的朋友→2分钟采访他→回座→简单整理文字,列发言提纲→1分钟上台不提名介绍→点评→被介绍者评价与建议。

情景2:数字传递游戏。

训练目标:训练表述力,观察力,记忆力。

训练内容:游戏规则如下,将每组学生排成一排。由对方成员给出一个数字从队列第一位成员往后传,队员通过肢体动作与其后方队员交流,依次传递,最后由最后一名队员说出数字,再确认是否正确。参与者不许发言和回头,通过计时,准确传达且用时最少的一方获得胜利。

训练步骤:每组选出6人,分别为1号、2号、3号、4号、5号、6号,参与者不许发言和回头。各组1号看题、表演,传达给2号,然后依次往后传,各组6号在黑板上写出传令信息→点评、评优→记录实训报告。

情景3:乘客在下面闹腾、前后走动叫喊时,你扮演乘务长排除干扰,宣布一项事情。

训练目标:训练语言沟通能力。

训练步骤:台上讲话与台下闹腾→劝说大家安静→有效传达信息。

情景4:一位乘客刚和恋人分手,神情忧郁、眼睛红肿、茶饭不思,你扮演乘务员解劝失恋乘客。

训练目标:感受他人心情,训练"移情"技巧。

训练内容:一名学生扮演神情忧郁、眼睛红肿、茶饭不思的失恋乘客;劝慰他;点评。

训练步骤:走向低头坐着的失恋乘客→劝慰→点评。

第三节 空乘服务特殊情况沟通训练

一、不正常航班沟通训练

(一)不正常航班概述

不正常航班包括航班延误、取消、中断、返航、备降、补班飞行、飞机减载、航程变更和不能向乘客提供已订妥的座位等级等情况。

空乘服务人员对不正常航班的处理:通知和解释。

(二) 不正常航班沟通训练

不正常航班会让乘客情绪焦虑、急躁,服务人员要用更加周到的服务来缓解、改善乘客的心情,同时真诚地求得乘客的支持和谅解。

1. 航班变更通知乘客规范用语

"女士们、先生们:我们非常抱歉的通知您,由于××原因,本次航班,已经提前(推迟)××小时。"

2. 航班取消通知乘客规范用语

"女士们、先生们:我们非常抱歉的通知您,由于××原因,本次航班已经取消。现改乘的日期为××、航班号是××、起飞时间为××,请您接到我们通知后,按规定时间前往××机场办理登机手续,谢谢!"

若乘客要退票:"您可以到我公司任一直属售票处或原出票地点办理免费退票手续,谢谢!"

二、重要乘客沟通训练

(一) 重要乘客概述

1. 重要乘客的范围

省、部级(含副职)以上的负责人;各大军区级(含副职)以上的负责人;公使、大使级外交使节;由各部、委以上单位或我驻外使、领馆提出要求按重要乘客接待的客人;承运人认为需要给予此种礼遇的乘客。

2. 重要乘客的分类

1) 重要乘客

(1) 最重要乘客(VERY VERY IMPORTANT PERSON,代号 VVIP)。

a. 我国党和国家领导人;

b. 外国国家元首和政府首脑;

c. 外国国家议会议长和副议长;

d. 联合国秘书长。

(2) 一般重要乘客(VERY IMPORTANT PERSON,代号 VIP)。

a. 政府部长、省、自治区、直辖市人大常委会主任、省长、自治区人民政府主席、直辖市市长和相当于这一级的党、政、军负责人;

b. 外国政府部长;

c. 我国和外国政府副部长和相当于这一级的党、政、军负责人;

d. 我国和外国大使;

e. 国际组织(包括联合国、国际空乘组织)负责人;

f. 我国和外国全国性重要群众团体负责人；

g. 两院院士。

（3）工商界重要乘客（COMMERCIALLY IMPORTANT PERSON，代号 CIP）

a. 工商业、经济和金融界等重要、有影响的人士；

b. 重要的旅游业领导人；

c. 国际空运企业组织、重要的空运企业负责人和我公司邀请的外国空运企业负责人。

（二）重要乘客的沟通技巧

为重要乘客服务时要态度热情、言语得体、落落大方；要提前了解一些特殊要求、饮食习惯等，进行针对性的服务；注意细节，特别是要让对方感到他的重要性。如，

公司总裁级（含）以上领导，立即问候：

"×总，您好！"

三、特殊乘客沟通训练

（一）特殊乘客服务概述

特殊乘客是指因身份、行为、年龄、身体状况等原因，在旅途中需要特殊照料的乘客，分为婴儿、儿童、孕产妇、患病乘客、残障乘客等。

特殊乘客服务是针对老、病、残、孕等特殊群体乘客（以下简称为特殊群体乘客）设立的服务项目。特殊乘客之所以称之为特殊乘客，是因为他们有和常人不一样的地方，在某些方面需要给予特殊照顾。为方便特殊群体乘客的出行，解决特殊群体乘客困难，空乘服务人员立足于乘客角度考虑，一般要免费为弱势群体开展一些服务项目。

（二）特殊乘客的沟通训练

1. 儿童的心理及沟通特点

儿童指旅行开始之日已年满两周岁但未满十二周岁的乘客。儿童的心理特点：性格活泼、天真幼稚、好胜心强、爱听好话、善于模仿、判断力较差、做事不计后果。因此同有成人陪伴的儿童沟通，要耐心、细致、亲切。

无成人陪伴儿童服务用语：

"请问，小朋友自己搭乘航班吗？"

2. 孕妇的心理及沟通特点

怀孕32周或不足32周的孕妇乘机，除医生诊断不适宜乘机者外，可按一般乘客运输。但由于在高空飞行中，空气中氧气成分相对减少、气压降低，会造成孕妇的不适和紧张，因此对孕妇的服务更要细心、周到，可以对她嘘寒问暖，让她们放松身体、心情。

3. 病残乘客的心理及沟通特点

病、残乘客是指有生理缺陷、有残疾的乘客以及在乘机过程中突然发病的乘客，

以及年事甚高的乘客,这些人自理能力较差,迫切需要别人帮助,但是他们自尊心都极强,一般不会主动要求提供帮助,总是要显示与正常人无多大差别,不愿别人讲他们是残疾人,或把他们当作残疾人对待。因此,为他们提供帮助要及时、自然;不要提及他们的缺陷;对聋哑人要用手势等肢体语言。

4. 老、弱乘客的心理及沟通特点

老年乘客,体力、精力开始衰退,生理的变化带来心理上的变化。一般心理特点:思维迟缓,记忆减退,对事物反应缓慢,应变能力较差。思维能力衰弱,说话不连贯、语无伦次。情绪一般比较稳定,不易过分欢喜和发愁,性格上有的深沉孤僻,有的开朗健谈。

体弱的乘客,既有较强的自尊感,又有很深的自卑感。自感身体不如他人,暗暗伤心,同时在外表上又表现得不愿求别人帮助,样样事情都要尽自己最大的力量去完成。

沟通特点:在乘机过程中,老、弱乘客最关心的就是飞机的安全和飞机起降时带来的不适应感。沟通时讲话速度要略慢,声音要略大,要勤观察,洞悉并及时满足他们的心理需要,消除其孤独感。具体做到:

登机前,可介绍飞机旅行常识,关键时刻提前告诉他们注意事项,并尽可能地守护在他们身边,以消除其恐惧心理。

登机时,对行动不便者,应主动搀扶,帮助提拿物品;对身体不适者,应送水送药;对无人陪伴者,应迎上送下,嘱咐注意事项,安排提前或最后登机,并将情况转告其他航空服务人员注意。

登机后,要主动介绍客舱服务设备、飞行距离和时间。

旅途中,要主动问寒问暖,为他们介绍航线沿途的风景和名胜古迹以免他们寂寞或精神紧张。睡觉时主动为他们送毛毯、盖好腿脚。

到达时,应提醒他们别忘了随身携带的物品,搀扶他们下机并交待地面服务人员给予照顾。

【案例3.1】

我渴望您的理解!

5月19日,我在候机楼遇到这样的事情。一位青岛去深圳的外地乘客到电子客票柜台取票,他拿的是昨天(18日)CZ6357航班的订单,说是已经改签到今天(19日)。经柜台服务人员确认后,该票确实已更改,是由昨天(18日)的E舱更改到今天(19日)的G舱,从而乘客需要在柜台交纳更改费。乘客得知后就开始不耐烦地说:"没人跟我说过,我不知道,为什么要交?"服务人员只好仔细地再三解释,乘客还是坚持不接受。这样反复交流一段时间,乘客就开始拍着柜台要求见领导。此时柜台工作人员找我,并向我说明情况,我再一次向乘客解释变更改签的相关规定,耐心地试着让乘客理解。但是,乘客不想交变更费的态度丝毫没有改变。在这样的情况下,我很明确地对那位先生说:"如果你不交变更费,用这张票今天你走不了。"乘客又开始拍柜台吼着说:"你这什么态度,你叫什么名字,我要投诉你……"不过最后,在得到投诉电话后,还是交了变更费,一脸愤恨地走了。(摘自 2006 - 05 - 21 南航青岛营业部庄仲)

【问题思考】

(1) 该案例中乘客的情绪反映是否正常?为什么?
(2) 我们的服务有缺憾吗?为什么?怎样避免这些情况的发生?
(3) 现实生活中,沟通语言对于大学生有什么意义?

提示:服务就是服从。"客人永远是对的!";把"面子"留给客人;不要指责客人;不要试图改变客人。人只有产生了主动改变的欲望时,才会自觉改变。所以,改变乘客的最好方式是服务感动。

【案例3.2】

巧用字词,提升服务创和谐

某延误航班,乘客在地面等了几个小时后,终于上机了,乘务员歉意地问候道:"您好,让您久等了。"乘客接口回道:"好什么好,你们还知道久啊,怎么补偿我,你们必须给个解决方案!"

可以说这个问候是存有问题的,第一"您好"这个词出现在上面的语境里,容易让乘客感受到乘务员的问候是没有诚意的,是置身于其外的程序化的问候,易招反感;其次"久"字的出现又强化了乘客可能本已淡去的时间感,触动了早已蓄势待发且敏感的神经,易让乘客压抑较久的不满情绪借题发挥出来。这样的场景中,怎样的问候较适宜呢?笔者在实际中做过尝试,"十分抱歉、谢谢您的等候、您辛苦啦、感谢您的乘坐、谢谢您的理解和支持、小朋友的表现好乖哦……"这样的问候语,乘客好像更能接受些,尤其针对一些父母,他们发脾气的原因常常是觉得自己的小孩受苦了,所以此时将用词的关注点放在孩子身上可能更好些。除此之外,在回应乘客的需求时,多用些含有正面信息的词语可能会让乘客在拥有好的心理感受时对服务也给予积极的认同。如将"稍等"换为"马上就来";"有事吗"换为"我能为您做点什么";"您要哪种饭"换为"您喜欢什么口味"……一个字词的小改动,给乘客带来的可能就是对服务感受的大提升。

【问题思考】

(1) 该案例中沟通的意义是什么?
(2) 该案例涉及哪些服务和沟通用语?那些地方出了问题?怎样避免这些情况的发生?
(3) 现实生活中,沟通语言对于大学生有什么意义?

【案例3.3】

错误回答,激怒乘客遭投诉

2007年7月某日执行MU5634(乌鲁木齐—上海)航班,在乘务组全部工作结束后大概在21:10分巡视客舱,24F的一名乘客问正在巡视客舱的男乘务员:"现在飞到那了?"乘务员回答:"我也不知道。"乘客听后对于乘务员的回答非常不满于是张口说:"你是、是……啥饭的!"乘务员因为没听清就回头问了一下,乘客当时正看着窗户外面没有理会乘务员说什么,于是乘务员就拉了一下乘客的袖子,继续询问乘客:"先生您刚才说什么,有什么事吗?"于是乘客就说:"你是……饭的?你白干这工作的?"乘务员听后有些生气没有很好的控制情绪与乘客发生了争执,最后该乘客要意见卡投诉乘务员,经乘务长努力调节但乘客仍表示不接受道歉。

【问题思考】

(1)该案例中沟通技巧的意义是什么?
(2)该案例那些地方出了问题?怎样避免这些情况的发生?
(3)现实生活中,沟通技巧对于大学生有什么意义?

提示:乘务员在回答乘客问询时,应注意语言技巧,不知道的可以说:"我帮您问一下好吗?"而不应该说:"我也不知道。"这样回答很容易让乘客不满。尤其是后面乘务员不能较好地控制自己的负面情绪,使事态扩大,更不恰当了。

【案例3.4】

用情动人,另类投诉获谅解

一次北京至珠海航班上,头等舱是满客,还有5名VIP乘客。乘务组自然是不敢掉以轻心。

2排D座是一位外籍乘客,入座后对乘务员还很友善,并不时和乘务员做鬼脸儿开开玩笑。起飞后这名外籍客人一直在睡觉,乘务员忙碌着为VIP一行和其他客人提供餐饮服务。然而两个小时后,这名外籍乘客忽然怒气冲冲地走到前服务台,大发雷霆,用英语对乘务员说道:"两个小时的空中乘客时间里,你们竟然不为我提供任何服务,甚至连一杯水都没有!"说完就返回座位了。乘客突如其来的愤怒使乘务员们很吃惊。头等舱乘务员很委屈地说:"乘务长,他一直在睡觉,我不便打扰他呀!"说完立即端了杯水送过去,被这位乘客拒绝;接着她又送去一盘点心,乘客仍然不予理睬。作为乘务长,眼看着将进入下降阶段,不能让乘客带着怒气下飞机。于是灵机一动和头等舱乘务员用水果制作了一个委屈脸型的水果盘,端到客人的面前,慢慢蹲下来轻声说道:"先生,我非常难过!"乘客看到水果拼盘制成的脸谱很吃惊。"真的?为什么难过呀?""其实在航班中我们一直都有关注您,起飞后,您就睡觉了,我们为您盖上了毛毯,关闭了通风孔,后来我发现您把毛毯拿开了,继续在闭目休息。"乘客情绪开始缓和,并微笑着说道:"是的!你们如此真诚,我误解你们了,或许你们也很难意识到我到底是睡着了还是闭目休息,我为我的粗鲁向你们道歉,请原谅!"说完他把那片表示难过的西红柿片360度旋转,立即展现的是一个开心的笑容果盘。

点评:用情动人,以礼服人,不失为另一种处置投诉危机的方式。

【问题思考】

(1) 该案例中投诉处理的意义是什么?

(2) 该案例用了哪些投诉处理方式? 那些地方出了问题? 怎样避免这些情况的发生?

(3) 现实生活中,异议处理对于大学生有什么意义?

【案例3.5】

延迟服务,乘客等待无结果

某航班乘客登机后向乘务员索要毛毯,毛毯放在后服务舱,乘务员正在疏导乘客不能及时满足乘客需求请乘客稍等片刻,乘务员引导乘客完毕后到后服务舱拿毛毯,因毛毯只有10几条,乘务员回到乘客面前时毛毯发放仅剩下了一条,此时又有一位小乘客需要毛毯,乘务员权衡再三还是将最后一条毛毯发给了小乘客,乘客非常不满。

支招:

(1) 在乘客提出需要服务用品时,无论此时多忙请用心记住哪一排哪一位乘客,在语言、语气上给乘客以受到足够重视感,因为忙乱之间的一句不经意的回答,多数都会给人以敷衍、不耐烦感,而您则会由于没有刻意注意而忘记乘客提要求这件事、或者记得有这件事而找不到是坐在哪排的乘客,例如这样说:"非常抱歉先生/女士,现在正在……期间,您可否在座位上稍微休息一下,我会尽量快一点给您送来。"

(2) 在服务用品较少乘客需求量大的情况下,不如事先稍作说明,"已经没有了、发完了"会让乘客感到他损失了基本利益而非常不满,例如这样说:"不好意思女士/先生,您看这已经是我们飞的第×段了,干净的、没用过的毛毯已经为数不多了,机上又有这么多老人孩子,我先帮您把通风口关掉吧,要不帮您倒杯热水? 稍后我立即向乘务长汇报请机组将温度调高。"

【问题思考】

(1) 该案例中坦诚面对的意义是什么?

(2) 该案例怎样运用坦诚面对的处理方式? 那些地方出了问题? 怎样避免这些情况的发生?

(3) 现实生活中,坦诚面对对于大学生有什么意义?

【案例 3.6】

询问指责,态度不好遭投诉

某航班,乘客上洗手间完毕,乘务员打扫卫生时,发现该乘客将卫生纸、马桶垫扔的满地都是,乘务员随即惊讶的询问乘客怎么将马桶垫、卫生纸扔的满地都是,并提醒乘客马桶垫、卫生纸丢弃处,乘客投诉乘务员服务态度太差。

【问题思考】

(1) 该案例中巧妙提醒的意义是什么?
(2) 该案例怎样运用提醒?那些地方出了问题?怎样避免这些情况的发生?
(3) 现实生活中,提醒技巧对于大学生有什么意义?

提示:1. 卫生间废纸丢弃处的标示,部分初次乘机乘客可能没注意;2. 乘务员的惊讶和提醒,会使乘客很窘迫,从而产生抵触心理。这种情况下,不要在乘客面前露出惊讶、不屑、询问等表情、语言,相反要有一颗善于观察、体谅、宽容的心;3. 如需提醒时,尽量在周围没有其他乘客时,使用婉转、自然的语气,如首先为其打开卫生间"请稍等女士/先生,我稍作整理,一边自然的介绍这边是××废纸丢弃处、洗手池……这样使用,门插在××位,有什么需要帮助的请呼唤我,很乐意为您服务。"

【案例 3.7】

航班颠簸,乘客烦躁要投诉

某航班,颠簸过程中,乘客烦躁的按呼唤铃,无论乘务员如何温言解释,但乘客就是对这种颠簸感觉到不满甚至质疑到了飞行技术,要求乘务员给个投诉渠道,乘务员无奈只得提供给乘客 95530 投诉电话,但乘客在投诉时说明了对航班颠簸的不满同时也不满乘务员的服务态度。

【问题思考】

(1) 该案例中化解矛盾的意义是什么?
(2) 该案例怎样化解抱怨和指责?那些地方出了问题?怎样避免这些情况的发生?
(3) 现实生活中,学会化解矛盾对于大学生有什么意义?

提示:(1)尽管乘客第一时间不是质疑我们的服务出了什么问题,但是毕竟我们是第一个听到乘客抱怨的人,而我们做出的任何反应可以直接影响到乘客接下来的态度和决定。我们也许该更深入的思考、分析一下,为什么?没有无缘无故的抱怨和指责。也许乘客此刻正处于一种不安紧张、恐惧的状况,那么那么乘客需要的不是解释而是安抚。例如:"很抱歉给您造成了不便,今天确实是因为…(说明原因)请不要担心;(2)在面对乘客时,服务人员即代表东航,应有大局意识,在回答问题时,严禁推卸责任;例如可以说:"很抱歉造成了您的困扰,我一定给您反映……谢谢您的宝贵意见";(3)积极的回应,注意为乘客提供多种选择;例如可以说:"我马上去看看是什么原因好吗?或者您看……要不这样好吗?

下编 空乘服务播音技巧及其训练

学习单元四
空乘服务播音概述

学习重点

空乘服务播音是空乘人员和乘客交流的重要形式。播音会伴随乘客登机、乘机、下机的整个航程。本单元通过学习让学生了解空乘服务播音的概念、类型,掌握空乘服务播音的特点、要求,让学生对播音的基本知识有一个基本了解,为后面播音技巧及训练打下基础。

第一节 空乘服务播音的概念及其特点

一、空乘服务播音的概念

播音,有广义和狭义之分。广义的播音是指一切运用电子传媒、声音语言和副语言传播信息的活动。狭义的播音是指播音员和主持人运用广播、电视传媒、有声语言和副语言传播信息的创造性活动。

空乘服务播音是指空乘服务过程中空乘人员运用广播电视传媒、有声语言和副语言,传播服务信息的创作性活动。

客舱广播就是空乘人员在客舱中对乘客的广播。包括欢迎、起飞、供餐、征求意见、预报时间温度、安全检查、到达终点、下飞机等例行播音内容,以及节日祝贺、急救求医、飞机颠簸、紧急迫降等临时播音内容。

二、空乘服务播音的特点

空乘服务播音具有规范性、灵活性的特点。

（一）规范性

空乘服务播音具有规范性。空乘服务播音是空乘服务过程中空乘人员传播服务信息的活动。它伴随乘客登机、乘机、下机的整个航程，要告诉乘客各种周知的事项。为了规范空乘播音活动，中国民用航空局对空乘广播用语的类型、内容、格式进行了规范，所以空乘服务播音具有规范性。

（二）灵活性

空乘服务播音又具有复杂性和灵活性。第一，服务内容有别，播音内容不同。第二，客舱岗位情况不同，播音内容也有别。如除了例行播音，还会有临时播音，如节日播音等。第三，各航空公司服务特色不同，播音词也会有差别，要根据情况灵活运用。因此空乘服务播音具有复杂性、灵活性。

第二节 空乘服务播音的要求及其类型

一、空乘服务播音的要求

（一）空乘服务播音的有关规定

为了提高民航广播服务质量和适应民航广播自动化的发展趋势，民用航空业对民航广播用语进行了规范。根据《民航机场候机楼广播用语规范》，空乘服务播音要符合以下要求：

1. 空乘广播用语的一般要求

（1）用语要语言准确、中心突出、逻辑严密、格式规范，使用统一的专业术语。

（2）用语的类型按照业务要求划分、播音的目的、性质区分。

（3）用语以汉语和英语为主，同一内容使用汉语普通话和英语对应播音。

2. 航班信息类广播用语的格式规范

航班信息类播音是客舱广播中最重要的部分，格式要规范。

1）格式形式规范

（1）格式由不变要素和可变要素构成。不变要素指格式中固定用法，由固定文字组成。可变要素指格式中动态情况确定的部分，由不同符号和符号内的文字组成。

格式中的符号注释：

① 指在_____处填入航站名称；

② 指在_____处填入航班号；

③ 指在_____处填入办理乘机手续柜台号、服务台号或问询台号；

④ 指在_____处填入登机口号；

⑤ 指在_____处填入二十四小时制小时时刻；

⑥ 指在_____处填入分钟时刻；

⑦ 指在_____处填入播音次数;

⑧ 指在_____处填入飞机机号;

⑨ 指在_____处填入电话号码;

⑩ 指〔 〕中的内容可以选用或不用;

⑪ 指需从〈 〉中的多个要素里选择一个,不同的要素用序号间隔。

(2) 广播用语的形成方法。

在对应的格式中,选择可变要素(如航班号、登机口号、飞机机号、电话号码、时间、延误原因、航班性质等)与不变要素组成广播用语。例如:

开始办理乘机手续通知:

前往_____①的乘客请注意:

您乘坐的〔补班〕⑩_____②次航班现在开始办理乘机手续,请您到_____③号柜台办理。

谢谢!

Ladies and Gentlemen, may I have①your attention please:

We are now ready for check-in for〔supplementary〕⑩flight _____② to _____ at counter No. _____③.

Thank you.

前往广州的乘客请注意:

您乘坐的〔补班〕CA1315次航班现在开始办理乘机手续,请您到2号柜台办理。

谢谢!

Ladies and Gentlemen, may I have your attention please:

We are now ready for check-in for〔supplementary〕⑩flightCA1315 _____ to _____ Guangzhou _____①at counter No. _____ 2.

Thank you.

2) 格式内容规范(见学习单元六)

3. 例行类、临时类广播用语说明

例行类广播,各航空公司可根据具体情况组织内容,但要保持与民航总局等部门的规定一致。

临时类广播,各航空公司可根据实际情况安排,但采用特殊航班信息通知时,应与信息类播音中相近内容的格式一致。

(二) 空乘服务播音的技巧要求

为了提高空乘广播服务质量,增添播音的艺术感染力,还要在表达技巧方面做到:

(1) 运用普通话的发音方法和胸腹式呼吸法,发音到位,气息饱满,使语音准确、清晰、圆润、自然,让乘客听得清楚。

(2) 正确把握稿件的思想感情,确定文章的中心和感情的基调,力求中心突出、感情真挚,让乘客听得明白。

(3)运用朗读的技巧,使表达语速适中,轻重有致,语调生动,声情并茂,和乘客产生共鸣,让乘客听得舒服。

(4)保证睡眠质量,加强身体锻炼,科学练声,保护嗓子。

二、空乘服务播音的类型

客舱广播是为乘客登机后服务的。因为各航空公司服务特色不同,广播词也会不同,但各航空公司客舱服务内容基本规范一致,所以客舱例行广播词也基本相同。

客舱广播按内容分为客舱服务广播、安全检查广播两部分。客舱服务广播部分包括航程信息广播、餐饮服务广播等。安全检查部分包括安全演示广播、故障通报广播、紧急情况处理广播等。

按工作流程分为起飞前广播、关门后广播、落地前广播、落地后广播等。

按工作性质客舱广播用语分为:正常情况类广播、特殊情况类广播、紧急情况类广播三大类。

学习单元五
空乘服务播音技巧训练

学习重点

播音技巧是空乘服务人员服务乘客的重要技能,是空乘服务人员播音水平的重要指标。本单元主要介绍空乘服务播音的基础发音的技巧和训练方法,以及表达的内部技巧、外部技巧及训练方法,让学生对播音的技巧、要求有一个基本掌握,为播音工作提供技术支持。

第一节 播音基础发音训练

人的发音器官包括呼吸器官、喉头和声带、口腔和鼻腔三个部分(图5.1)。因此,基础发音要着重训练用气、发声、吐字等内容。

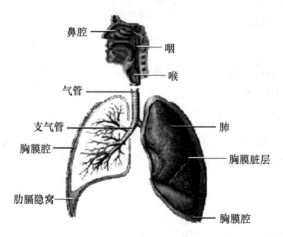

图5.1 发音器官图

一、呼吸方法训练

(一)呼吸的原理

气息是发音的基础。气息来自呼吸。呼吸有力,声音就洪亮、持久、有力,相反,呼吸无力,声音就弱小、短暂、无力。因此,戏曲界有一句谚语"唱一辈子戏,练一辈子气"。也有人说:戏曲是呼吸的艺术,都说明了呼吸的重要性。

一般认为,我国传统戏曲和道教养生的呼吸方法"丹田呼吸法"(或叫胸腹式呼吸法)比较科学。可以让气息均匀、顺畅、深浅适中、运用自如。丹田呼吸法,靠胸腔、横膈肌、腹肌联合控制气息,主要运用小腹收缩控制呼吸。

胸腹式联合呼吸法要领:深吸慢呼。

首先找闻花香的感觉,口鼻并用,深吸一口气,使肺部扩张、横膈膜下压,这时胸部、腹部和小腹向外扩张,气息充足,完成吸气;然后放松两肋,小腹收紧,控制胸腹部使气息缓缓呼出,这时肺部缩小,膈肌回复原状,胸腔容积减小,小腹逐渐放松,完成呼气(图5.2)。

图5.2 胸腹式联合呼吸法

沟通和播音一般时间较长,要求有较强的呼吸能力来保证气息,所以沟通和播音时的正确呼吸方法,应当采用胸腹式联合呼吸法。

(二) 呼吸方法训练

1. 吸气训练

吸气要领:身体站定(或坐定),腰直立,头微抬,肩膀、胸部放松,用叹气法排除肺内废气,以丹田为支点,小腹向内微收,用鼻子快速、安静、深深地吸气,这时,肺部膨胀,膈肌下降,使胸腔容积上下扩展、腰部向周围扩展。即躺床上时的自然呼吸动作(图5.3)。

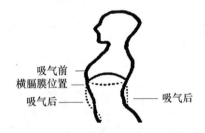

图5.3 胸腹式联合呼吸法——吸气法

例如:

闻花香、沿后背吸气、抬重物、半打哈欠等。

注意:认真体会吸气时,小腹轻收、胸腔上下扩展、腰部向周围扩展的感觉。

2. 呼气训练

呼气要领:小腹保持轻收,胸、腹部保持张开,用嘴将气均匀、缓慢、平稳地呼出,这时肺部缩小,膈肌回复原状,胸腔、腹腔容积减小,小腹逐渐放松。例如:

发"i"音、发"a"音等。

注意:认真体会呼气时,肺部缩小,膈肌回复原状,胸腔、腹腔容积减小,直至复原的感觉。

3. 自然性训练

要求保持坐姿、站姿或睡姿。用叹气法将体内废气排空,然后自然地吸气。注意体会吸气时,小腹微收,腹部外凸、胸部腰部自然张开的感觉。接着自然地呼气,注意体会胸腔、腹腔容积减小,直至复原的感觉。例如:

闭目养神,自然呼吸。

4. 控制训练

要求保持坐姿、站姿或睡姿。先将体内废气全部吐出,然后用快吸慢呼的方法,快速地深吸一口气慢慢呼出,同时数数。要求不换气,同时做到吐字清晰、节奏整齐、声音圆润集中;一口气用尽,数得越多越好,以训练控制力。例如:

数枣、数葫芦等。

出东门过大桥,大桥底下一树枣,拿着竿子去打枣,青的多,红的少,一个枣,两个枣,三个枣,四个枣,五个枣,六个枣,七个枣,八个枣,九个枣,十个枣,十一个、十二个、十三个、十四个、十五个、十六个、十七个、十八个、十九个、二十个、二十一、二十二……

5. 换气训练

用快吸快呼的方法,不断换气发出最多的语音。

例如:数1后小腹还原,然后再以同样的动作再数2、3……,由慢数到快数。目的是训练下腹肌的弹性,达到换气自如。

二、发声吐字训练

(一) 发声吐字的原理

声音是由声带振动产生的。声带长在喉腔中部,左右各一条,对称分布,因含血管少,呈白色。

发声系统构造如图5.4所示。

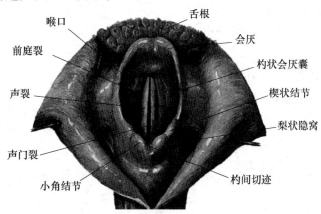

图5.4 发声系统构造

发声吐字的工作原理是：

发声吐字时，喉部两侧声带拉紧、声门裂缩小甚至关闭，呼吸器官呼出的气流不断冲击声带，使声带迅速地振动（开闭），然后通过唇、齿、舌、腭、声道等器官的影响，胸腔、喉腔、咽腔、鼻腔、口腔等共鸣器的美化，形成语音，这就是发音的过程。其中，呼吸、发声、共鸣是发音的三要素。

发声时声带拉紧（图5.5左图），呼吸时松开（图5.5右图）。声带能扩张，能收缩，能变薄，能振动，从而发出各种声音。而发音体的体积、张力、厚度是决定音高的三个基本条件，改变其中一个，就能使发音体的音高改变，所以发高音时，就可以降低喉位、缩小声带振动面积，当发低音时，就使声带振动面积变大或全振动。

图5.5　声带工作原理

（二）发声吐字训练

1. 快速发音训练。

用闻花香的感觉，口鼻并用，深吸一口气，使横膈膜下压，小腹收紧，气沉丹田。然后放松两肋，小腹收紧，使气息缓缓呼出，同时嘴里快速发出"噼里啪啦，噼里啪啦……"的声音。

2. 中速发音训练

1）声母绕口令训练

b：

八百标兵奔北坡，北坡炮兵并排跑。

炮兵怕把标兵碰，标兵怕碰炮兵炮。

p：

吃葡萄不吐葡萄皮儿，

不吃葡萄倒吐葡萄皮儿。

m：

庙外有一只白猫，庙内有一顶白帽。

跑了庙外的白猫，丢了庙内的白帽。

f：

粉红墙上画凤凰，凤凰画在粉红墙。

红凤凰，黄凤凰，粉红凤凰，花凤凰。

d：

大刀对单刀，单刀对大刀。

大刀斗单刀，单刀斗大刀。

t：

大兔子，大肚子，

大肚子的大兔子，要咬大兔子的大肚子。

n：
有个面铺门朝南,门上挂着蓝布棉门帘,
摘了蓝布棉门帘,面铺门朝南;
挂上蓝布棉门帘,面铺还是门朝南。

妞妞和牛牛,是对好朋友。
妞妞有个扣扣,牛牛有个石榴。
妞妞帮牛牛钉上了扣扣,牛牛把石榴送给了妞妞。
l：
老罗扛起一车梨,老李扛起一车栗。
老罗人称大力罗,老李人称李大力。

六十六岁刘老六,修了六十六座走马楼,
楼上摆了六十六瓶苏合油,门前栽了六十六棵垂杨柳,
柳上拴了六十六个大马猴。
忽然一阵狂风起,吹倒了六十六座走马楼,
打翻了六十六瓶苏合油,压倒了六十六棵垂杨柳,
吓跑了六十六个大马猴,气死了六十六岁刘老六。
g：
小郭有朵红花,小葛有朵黄花,
小郭拿红花换了小葛的黄花,小葛用黄花换了小郭的红花。
k：
黄贺爱木刻,王克爱诗歌。
黄贺帮助王克写诗歌,王克帮助黄贺搞木刻。
黄贺学会了木刻,王克学会了诗歌。
h：
小黄有朵黄花,小红有朵红花,
小黄送给小红一朵黄花,小红送给小黄一朵红花。

黑化肥发灰,灰化肥发黑。
黑化肥发灰会挥发,灰化肥挥发会发黑。
j：
京剧是京剧,警句是警句,
京剧不是警句,警句不是京剧。
q：
七巷一个漆匠,西巷一个锡匠,

七巷漆匠买了西巷锡匠的锡,西巷锡匠买了七巷漆匠的漆。

x：

王喜上街去买席,骑着毛驴跑得急。

刚刚跑到小桥西,毛驴一下失了蹄。

丢了席,跑了驴,急得王喜眼泪滴。

zh：

知之为知之,不知为不知,

不以不知为知之,不以知之为不知。

朱家一株竹,竹笋初长出,

朱叔用锄锄,锄出笋来煮,

锄完不再出,竹株也干枯。

ch：

小超要吃饭,小成要穿衣,

吃饱穿暖上学去,踌躇满志称心意。

sh：

四是四,十是十。十四是十四,四十是四十。

不能把四说成十,也不能把十说成四。

要想说对四,舌头碰牙齿,

要想说对十,舌头别伸直,

要想说对四和十,多多练习资疵思和知吃诗。

r：

夏日无日日亦热,冬日有日日亦寒,

春日日出天渐暖,晒衣晒被晒褥单,

秋日天高复云淡,遥看红日迫西山。

天上有个日头,地下有块石头,

嘴里有个舌头,手上有五根指头。

热日头,硬石头,软舌头,手指头,统统都为练舌头。

任命是任命,人名是人名。

任命不能说成人名,人名也不能说成任命。

z：

嘴不服腿,腿不服嘴。

嘴嫌腿爱跑腿,腿嫌嘴爱卖嘴,

光动嘴不动腿,光动腿不动嘴,不如不长腿和嘴。

c:

村庄是村庄,春装是春装,

村庄不是春装,春装不是村庄,

村庄画在地图上,春装穿在人身上。

s:

石狮寺前有四十四个石狮子,狮子上面有四十四个涩柿子,

四十四个石狮子看不见四十四个涩柿子,

四十四个涩柿子看得见四十四个石狮子。

三山撑四水,四水绕三山,三山四水春常在,四水三山四时春。(《三山撑四水》)。

2）韵母绕口令训练

a:

门前有八匹大伊犁马,你爱拉哪匹马拉哪匹马。(《伊犁马》)

o:

太阳从西往东落,听我唱个颠倒歌。天上打雷没有响,地下石头滚上坡；江里骆驼会下蛋,山上鲤鱼搭成窝；腊月酷热直淌汗,六月寒冷打哆嗦；姐在房中头梳手,门外口袋把驴驮；咸鱼下饭淡如水,油煎豆腐骨头多；黄河中心割韭菜,龙门山上捉田螺；捉到田螺比缸大,抱了田螺看外婆；外婆在摇篮里哇哇哭,放下田螺抱外婆。(《听我唱个颠倒歌(童谣)》)

e:

天上一群大白鸽,河里一群大白鹅。白鸽尖尖红嘴壳,白鹅曲项向天歌。白鸽剪开云朵朵,白鹅拨开浪波波。鸽乐呵呵,鹅活泼泼,白鹅白鸽碧波蓝天真快乐。(《鹅和鸽》)

i:

一个阿姨把筐提,七个阿姨来摘梨,总共来了几阿姨,总共摘了几个梨？一二三四五六七,七六五四三二一,总共八个阿姨摘了满满一筐大鸭梨。一二三,三二一,一二三四五六七。七个阿姨来摘果,七个花篮儿手中提。七棵树上结七样儿,苹果、桃儿、石榴、柿子、李子、栗子、梨。(《七棵树上结七样儿》)

u:

山上五棵树,架上五壶醋,林中五只鹿,箱里五条裤。伐了山上的树,搬下架上的醋,射死林中的鹿,取出箱中的裤。(《山上五棵树》)

ü:

这天天下雨,体育局穿绿雨衣的女小吕,去找穿绿运动衣的女老李。穿绿雨衣的女小吕,没找到穿绿运动衣的女老李,穿绿运动衣的女老李,也没见着穿绿雨衣的女小吕。(《女小吕和女老李》)

-i（前）：

街上来了个瘸子，左手拿着个碟子，右手拿个茄子；道上有个橛子，橛子绊倒了瘸子，左手摔了碟子，右手扔了茄子。

四十四个字和词，组成了一首绕口词。桃子李子梨子栗子橘子柿子槟子榛子，栽满院子村子和寨子。刀子斧子锯子凿子锤子刨子尺子，做出桌子椅子和箱子。（《四和十》）

-i（后）：

一些事没有人做，一些人没有事做，一些没有事做的议论做事的做的事；议论做事的总是没事，一些做事的总有做不完的事，一些没有事做的不做事不碍事，一些有事做的做了事却有麻烦事；一些不做事的挖空心思惹事，让做事的做不成事，大家都不做事是不想做事的做事；做事的做不成事伤心，不做事的不做事开心。（《做事的与不做事的》）

er：

要说"尔"专说"尔"，马尔代夫，喀布尔，阿尔巴尼亚，扎伊尔，卡塔尔，尼伯尔，贝尔格莱德，安道尔，萨尔瓦多，伯尔尼，利伯维尔，班珠尔，厄瓜多尔，塞舌尔，哈密尔顿，尼日尔，圣彼埃尔，巴斯特尔，塞内加尔的达喀尔，阿尔及利亚的阿尔及尔。（《要说"尔"专说"尔"》）

ai：

卖白菜，买海带。有人来卖长海带，没人来买大白菜，卖不了白菜，买不了海带。（《白菜和海带》）

ei：

贝贝飞纸飞机，菲菲要贝贝的纸飞机，贝贝不给菲菲自己的纸飞机，贝贝教菲菲自己做能飞的纸飞机。（《贝贝和菲菲》）

ao：

隔着墙头扔草帽，吓得邻居嗷嗷叫。抬头一看是草帽，惹得大家哈哈笑。（《扔草帽》）

ou：

忽听门外人咬狗，拿起门来开开手；拾起狗来打砖头，又被砖头咬了手；从来不说颠倒话，口袋驮着骡子走（《忽听门外人咬狗》）

山前有只虎，山下有只猴，虎撵猴，猴斗虎，虎撵不上猴，猴斗不了虎。

iao：

水上漂着一只表，表上落着一只鸟。鸟看表，表瞪鸟，鸟不认识表，表也不认识鸟。（《鸟看表》）

iou：

一葫芦酒，九两六。一葫芦油，六两九。六两九的油，要换九两六的酒，九两六的酒，不换六两九的油。（《酒换油》）

uai：

槐树槐，槐树槐，槐树底下搭戏台，人家的姑娘都来了，我家的姑娘还不来。说着说着就来了，骑着驴，打着伞，歪着脑袋上戏台。（《槐树槐》）

uei：

威威、伟伟和卫卫，拿着水杯去接水。威威让伟伟，伟伟让卫卫，卫卫让威威，没人先接水。一二三，排好队，一个一个来接水。（《接水》）

ia：

天上飘着一片霞，水上飘着一群鸭。霞是五彩霞，鸭是麻花鸭。麻花鸭游进五彩霞，五彩霞挽住麻花鸭。乐坏了鸭，拍碎了霞，分不清是鸭还是霞。（《鸭和霞》）

ie：

姐姐借刀切茄子，去把儿去叶儿斜切丝，切好茄子烧茄子，炒茄子、蒸茄子，还有一碗焖茄子。（《茄子》）

ua：

一个胖娃娃，画了三个大花活蛤蟆；三个胖娃娃，画不出一个大花活蛤蟆。画不出一个大花活蛤蟆的三个胖娃娃，真不如画了三个大花活蛤蟆的一个胖娃娃。（《画蛤蟆》）。

uo：

狼打柴，狗烧火，猫儿上炕捏窝窝，雀儿飞来蒸饽饽。（《狼打柴狗烧火》）

üe：

真绝，真绝，真叫绝，皓月当空下大雪，麻雀游泳不飞跃，鹊巢鸠占鹊喜悦。（《真绝》）

an：

大帆船，小帆船，竖起桅杆撑起船。风吹帆，帆引船，帆船顺风转海湾。（《帆船》）
天连水，水连天，水天一色望无边，蓝蓝的天似绿水，绿绿的水如蓝天。到底是天连水，还是水连天？（《水连天》）

en：

小陈去卖针，小沈去卖盆。俩人挑着担，一起出了门。小陈喊卖针，小沈喊卖盆。也不知是谁卖针，也不知是谁卖盆。（《小陈和小沈》）

ian：

半边莲，莲半边，半边莲长在山涧边。半边天路过山涧边，发现这片半边莲。半边天拿来一把镰，割了半筐半边莲。半筐半边莲，送给边防连。（《半边莲》）

in：

你也勤来我也勤，生产同心土变金。工人农民亲兄弟，心心相印团结紧。（《土变金》）

uan：

那边划来一艘船，这边漂去一张床，船床河中互相撞，不知船撞床，还是床撞船。

(《船和床》)

uen：

孙伦打靶真叫准,半蹲射击特别神,本是半路出家人,摸爬滚打练成神。(《孙伦打靶》)

üan：

圆圈圆,圈圆圈,圆圆娟娟画圆圈。娟娟画的圈连圈,圆圆画的圈套圈。娟娟圆圆比圆圈,看看谁的圆圈圆。(《画圆圈》)

ün：

军车运来一堆裙,一色军用绿色裙。军训女生一大群,换下花裙换绿裙。(《换裙子》)

ang：

海水长,长长长,长长长消。(《海水长》)

eng：

墙上一根钉,钉上挂条绳,绳下吊个瓶,瓶下放盏灯。掉下墙上钉,脱掉钉上绳,滑落绳下瓶,打碎瓶下灯。瓶打灯,灯打盆,盆骂灯,钉骂绳,绳怪瓶,瓶怪灯。

郑政捧着盏台灯,彭澎扛着架屏风,彭澎让郑政扛屏风,郑政让彭澎捧台灯。(《台灯和屏风》

ong：

冲冲栽了十畦葱,松松栽了十棵松。冲冲说栽松不如栽葱,松松说栽葱不如栽松。是栽松不如栽葱,还是栽葱不如栽松?(《栽葱和栽松》)

iang：

杨家养了一只羊,蒋家修了一道墙。杨家的羊撞倒了蒋家的墙,蒋家的墙压死了杨家的羊。杨家要蒋家赔杨家的羊,蒋家要杨家赔蒋家的墙。(《杨家养了一只羊》)

ing：

天上七颗星,树上七只鹰,梁上七个钉,台上七盏灯。拿扇扇了灯,用手拔了钉,举枪打了鹰,乌云盖了星。(《天上七颗星》)

河里漂着一块冰,冰里冻着一根钉,钉钉冰,冰冻钉,水流冰动钉也动,水停冰静钉也停。要取钉,敲碎冰,丁丁当当当当丁,乒乒乓乓乓乓乒。

iong：

小涌勇敢学游泳,勇敢游泳是英雄。(《学游泳》)。

uang：

王庄卖筐,匡庄卖网,王庄卖筐不卖网,匡庄卖网不卖筐,你要买筐别去匡庄去王庄,你要买网别去王庄去匡庄。(《王庄和匡庄》)

ueng：

老翁卖酒老翁买,老翁买酒老翁卖。(《老翁和老翁》)

十三辙字音练习:

风(中东)-催(灰堆)-暑(姑苏)-去(一七)-荷(波梭)-花(发花)-谢(乜斜)。
秋(由求)-爽(江阳)-云(人辰)-高(遥条)-雁(言前)-自(支思)-来(怀来)。
俏(遥条)-佳(发花)-人(人辰)-扭(由求)-捏(乜斜)-出(姑苏)-房(江阳)-东(中东)-西(一七)-南(言前)-北(灰堆)-坐(波梭)。

通过十三辙练习,可以找到自己韵母的不足,气、音、字训练效果也非常好。

3. 慢速发音训练

唱舒缓的歌曲,锻炼延长呼气发音的能力。例如:

荷塘月色

剪一段时光缓缓流淌,
流进了月色中微微荡漾,
弹一首小荷淡淡的香,
美丽的琴音就落在我身旁。
萤火虫点亮夜的星光,
谁为我添一件梦的衣裳,
推开那扇心窗远远地望,
谁采下那一朵昨日的忧伤。
我像只鱼儿在你的荷塘,
只为和你守候那皎白月光,
游过了四季,荷花依然香,
等你宛在水中央。(张超《荷塘月色》)

草原之夜

美丽的夜色多沉静,
草原上只留下我的琴声,
想给远方的姑娘写封信,
可惜没有邮递员来传情。
来……
可惜没有邮递员来传情。

等到千里雪消融,
等到草原上送来春风,
可克达拉改变了模样,
姑娘就会来伴我的琴声。
来……
姑娘就会来伴我的琴声。(张加毅《草原之夜》)

（三）音强、音质、音高训练

1. 音强、音质、音高概述

1）音强

音强是声音的强弱，它由发声体振动幅度的大小决定，和用力的大小有关，用力大振幅大声音就强，反之就弱。

语音音量大小可以根据以下因素控制：

（1）根据沟通对象的数量和场地的大小，以听众听清楚为好。

（2）根据表达的内容来确定。例如：

纪念、沉痛的内容，音量稍小，记叙、说明性的内容，音量适中，祝贺、动员性的内容，音量稍大。

2）音高

音高是声音的高低，它主要由发声体振动的快慢决定，振动越快，声音越高，反之声音就低。

语音音高的高低可以根据自己的声带情况进行控制。

3）音质

音质是指声音的特色、本质。它由发声体振动的形式决定。音色的影响因素有三种：一是发声体，如声带、钢琴；二是发音方法，如用弓拉、用手弹；三是共鸣器的形状，如提琴、二胡。

语音音质好坏可以根据以下因素控制：

（1）避免杂音。可以采用胸腹式呼吸法避免呼吸音；平时注意休息，少吃辛辣食物避免沙哑音等。

（2）避免错误发音。按照正确的发音方法发音。

（3）避免无共鸣音。按照胸腹式呼吸法。

对于语言表达来说，音色最重要，其次是音高，再次是音强，最后是音长[①]。

2. 音强、音质、音高训练

【练习 5.1】

求医广播

女士们、先生们：

请注意！现在飞机上有一位（重）病人需要帮助，如果您是医生或护士，请立即与我们联系。谢谢！

Ladies and Gentlemen:

May I have your attention please?

---

① 中国教育在线. 艺考音量音高音质的训练. http://gaokao.eol.cn/yyby_3193/20120911/t20120911_841458.shtml.

We have a passenger in need of medical attention. If you are a physician or medically trained person, please identify yourself to a flight attendant. Thankyou!①

该播音词可以通过较为沉重的介绍以及急切的求助,表达想为乘客想、急为乘客急的关切之情。

【练习5.2】

各国使节广播

尊敬的各国使节：

你们好！我代表_____机组,欢迎您乘坐中国南方航空公司专机前往_____、_____等地观光、游览,我们能有机会为您服务感到非常荣幸！

由_____至_____的飞行距离是_____公里。预计空中飞行时间是_____小时_____分钟。飞机很快就要起飞了,请系好安全带,本次航班全程禁烟,请您不要吸烟。

祝各位贵宾旅途愉快！谢谢！

Good Morning（afernoon/evening）,Ladies and Gentlemen：

The captain and your crew welcome you aboard China Southern Airlines' flight to _____ and we are honored to be at your service.

The distance between _____ and _____ is _____ kilometers, and the flying time will be about _____ .

We will be taking off shortly. Please be sure that your seat belt is fastened, your tray is in upright position. This flight is a non-smoking flight. Please do not smoke onboard.

The entire cabin crew is here for your safety and comfort. If there is anything we can do to make your journey more enjoyable, please don't hesitate to call on us at anytime.②

【问题思考】

（1）以上播音的意义是什么？

（2）播音时如何注意呼吸、音高、音质、音强？

第二节　播音语言基本技巧训练

空乘服务播音是一种再创造活动,播音者根据对文字稿件的理解把视觉形象转化为听觉形象,因此,播音技巧就显得非常重要。播音技巧是在播音活动中所运用的一切表达方法,是实现播音目的的必要手段,是播音时为了使声音清晰洪亮、有感染力、恰当地传情达意而使用的一些技巧和方法。播音技巧主要包括两部分:

---

①② 三亿文库. 客舱广播词. http://3y.uu456.com/bp_26hud288ft10ttd0oe0s_7.html.

一是播音的内部技巧;二是播音的外部技巧。本单元主要介绍空乘服务播音的内部技巧和外部技巧,让学生掌握播音的基本技能,为后面的空乘服务播音训练做好准备。

一、内部技巧训练

播音的内部技巧包括形象感受、逻辑感受、情感感受、内在语、对象感等。掌握播音的内部技巧,总体把握作品的思想内容,确定感情基调,是播音的前提。

(一)形象感受

形象感受是指播音者在形象性语言的刺激下,感觉再现客观事物,让文字符号变成生动可感的形象,去感染听众,达到播音的目的。例如:

桃树,杏树,梨树,你不让我,我不让你,都开满了花赶趟儿。红的像火,粉的像霞,白的像雪。花里带着甜味;闭了眼,树上仿佛已经满是桃儿,杏儿,梨儿。花下成千成百的蜜蜂嗡嗡的闹着,大小的蝴蝶飞来飞去。野花遍地是:杂样儿,有名字的,没名字的,散在草丛里像眼睛像星星,还眨呀眨的。(朱自清.《春》)

分析:通过对火、霞、雪、桃儿、杏儿、梨儿、星星的形象感受,体会作者的喜悦心情。例如:

女士们,先生们:

我们的飞机已经离开北京前往广州,沿这条航线,我们飞经的省份有河北、河南、湖北、广东,经过的主要城市有北京、卫县、周口、河口、武汉、龙口、澧陵、南雄、广州,我们还将飞越黄河、淮河、长江、珠江、洪湖、罗宵山、南岭、白云山。

分析:通过对女士、先生、各省份、各城市、各条河流、各条山脉的形象感受,体会播音员对乘客的热情友好以及对山川大地的热爱之情,做到心中有形,言之有情。

(二)逻辑感受

逻辑感受是指播音者把作品的概念、判断、推理、论证,以及脉络、层次等形成大致的感觉,去说服听众,达到播音的目的。

要求做到:

(1)目的明确,中心突出。

(2)表达严密,思路清晰。

其中,文章结构的安排是重点,要注意:

(1)段落之间的关系。段落之间的关系主要有并列、因果(前因后果,或前果后因)、总分总(提出问题、分析问题、解决问题)、总分、分总、综合(整体结构的层次、自身结构的层次)等结构关系。例如:

总分关系:

昆明的气候条件很好。(总)

冬天没有刺骨的寒风,阳光明媚,鲜花盛开,所以很多人都把这里作为游览的圣

地;夏天没有炙热的太阳,温度适宜,空气清新,所以很多人都把这里作为避暑的圣地。(分)

所以云南被誉为"春城"。(总)

(2)句群之间的关系。句群,也叫"句组",它是由共同表示一个中心意思的两个或两个以上前后连贯的句子组成的语言单位。

句群之间的关系主要有:并列、衬托、递进关系、转折关系、例证关系、因果关系、对比关系(说明前后内容的相同之处)、对照关系(说明前后内容的不同之处)等,主要从虚词上入手。

① 并列关系,句子间从不同的方面阐明一件事情或分别说明相关的几件事情。它们只有前后之分,无主次之别,是平行关系。在文章中,层次、段落、语句、词组、词语都可并列。例如:

洱海,这面光洁的梳妆镜,南北长百里,东西宽十余里,就放在它前面。苍山,这扇彩色锦屏,高达八里,宽百余里,就竖在它背后。

赶到昙花开放的时候,约几个朋友来看看,更有秉烛夜游的神气——昙花总在夜里放蕊。花儿分根了,一棵分为数棵,就赠给朋友们一些;看着友人拿走自己的劳动果实,心里自然特别喜欢。(节选自《养花》)

② 承接关系,句子间有先后或连续关系。例如:

上课铃响了,同学们奔进教室。不久,教室里就传来了阵阵读书声。

③ 递进关系,句子间语意逐渐加重。例如:

阳朔的山水非常美。如果说桂林的山水甲天下,那么阳朔的山水就甲桂林了。

④ 选择关系,句子的几种情况,选择一种。例如:

要么,冒着危险继续前进。要么,保证安全现在撤退。

⑤ 转折关系,句子之间有转折关系。例如:

所有的学生都害怕班主任。其实,班主任很少批评学生。

⑥ 因果关系,句子间有因果关系。例如:

他非常刻苦努力。所以,他的成绩非常突出。
假设关系,句子间有假设关系。例如:
你想知道梨子的滋味吗?那么你就去亲口尝一尝吧!

⑦ 条件关系,句子间有条件关系。例如:

我们要大力弘扬传统文化,提高人们的道德修养。只要这样,社会风气才会逐步好起来。

⑧ 解说关系,句子间有说明的关系。例如:

平时,在校园里,常常有一位面容清瘦、精神矍铄的老人。这位老人就是我们的院长。

⑨ 总分关系,句子间有总括和分述的关系。例如:

在炎热的夏天,家乡的桥是我们的乐园。(总)

我们在桥头下棋、猜谜、讲故事;我们把桥当做跳水台,比跳水本领,练胆量;我们在桥边钓鱼、摸螺蛳,碰得巧,还能从桥洞里捉到一对毛螃蟹呢!实在玩累了,荡一条小船进桥洞,舒展四肢平躺着,那凉丝丝的风,轻轻荡漾的水波,转眼就把我们送入了梦乡……(分)(节选自《家乡的桥》)

⑩目的关系,句子间有目的和手段的关系。

教师辛苦为的是什么?就为了一个心愿:要把不学的变成想学的;把想学的变成会学的;把会学的变成丰富的。

⑪衬托关系:句子间有衬托的关系。衬托是为了突出主要事物,用类似的事物或反面的、有差别的事物作陪衬,这种修辞手法叫衬托。衬托有主、宾之分,陪衬事物是为被陪衬事物服务的。运用衬托手法,能突出主体或渲染主体,使之形象鲜明,给人以深刻的感受。

衬托可分为正衬与反衬两种(见表5.1)。

表5.1 衬托

类别	特点	例如
正衬	用类似的事物衬托所描绘的事物。如用"好的"衬托"更好的","坏的"衬托"更坏的"。	桃花潭水深千尺,不及汪伦送我情。(唐 李白《赠汪伦》) 那天,阴沉多雾。和天气一样,她过着愁云惨淡的日子。
反衬	用相反或相异的事物衬托所描绘的事物	那天,阳光明媚。和天气不同,她过着风雨飘摇的日子。

(3)注意实词的运用,特别是主要动词。

起先,这小家伙只在笼子四周活动,随后就在屋里飞来飞去。

(4)修辞方法的运用。修辞手法主要有:比喻、拟人、排比、对偶、夸张、引用、反问、设问、互文、通感、反语、反复、顶真、对比等。

比喻,俗称打比方,根据事物的相似点,用具体的、浅显的、熟知的事物来说明抽象的、深奥的、生疏的事物。比喻能将内容表达得生动、具体、形象,给人以鲜明深刻的印象。比喻有三种类型:明喻、暗喻和借喻(见表5.2)。

表5.2 比喻

类别	特点	本体	比喻词	喻体	例如
明喻	甲像乙	出现	像、似的、好像、如、宛如、好比、犹如	出现	天上的云像峰峦,像河流,像雄狮,像奔马……
暗喻	甲是乙	出现	是、成为、变成	出现	爱心是冬日的阳光,使饥寒交迫的人感到温暖。
借喻	甲代乙	不出现	无	出现	星空中银盘高挂

拟人,把物当做人写,赋予物以人的言行或思想感情。拟人能使无生命的事物人格化,也使语言更生动形象。例如:

桃树、杏树、梨树、你不让我,我不让你,都开满了花赶趟儿。

夸张,故意地夸张或缩小事物的性质、特征等。夸张能突出事物的本质,烘托气氛,引起联想。夸张有三种类型:扩大夸张、缩小夸张、超前夸张(见表5.3)。

表5.3 夸张

类别	特点	例如
扩大夸张	对事物的形状、性质、特征、作用、程度等进行夸大。	铺户门前的铜牌好像也要晒化。
缩小夸张	对事物的形状、性质、特征、作用、程度等进行缩小。	天空只剩下一条线。
超前夸张	把后出现的说成先出现,把先出现的说成后出现。	她还没有喝酒,就醉了。 农民们看见秧苗,就闻到了面包的香味。

排比,排比是利用三个或以上结构和长度相同或相似、意义相关或相同的句子或成分排列起来。排比能使叙事清楚透辟;描写细腻生动;说理条理分明;抒情节奏和谐、感情洋溢。总之,排比的行文内容集中、气势恢宏、琅琅上口、悦耳动听,有极强的说服力、感染力。排比有五种类型:写人排比、叙事排比、写景排比、说理排比、抒情排比(见表5.4)。

表5.4 排比

类别	作用	例如
写人排比	人物刻画细致。	春天像刚落地的娃娃,从头到脚都是新的,它生长着。春天像小姑娘,花枝招展的,笑着,走着。春天像健壮的青年,有铁一般的胳膊和腰脚,领着我们向前去。(朱自清《春》)
叙事排比	叙事清楚透辟。	请您坐好,系好安全带,收起座椅靠背和小桌板。请您确认您的手提物品是否妥善安放在头顶上方的行李架内或座椅下方。
写景排比	可将景物描写得细腻生动。	山朗润起来了,水涨起来了,太阳的脸红起来了。(朱自清《春》)
说理排比	说理充分透彻、条理分明。	一日之计在于晨,一年之计在于春,一生之计在于勤。 燕子去了,有再来的时候;杨柳枯了,有再青的时候;桃花谢了,有再开的时候……(朱自清《匆匆》)
抒情排比	可使节奏和谐、感情洋溢。	保卫家乡,保卫黄河,保卫华北,保卫全中国!

对偶,结构形式相同,字数相等,意义对称,表达两个相对或相近意思的一对短语或句子。对偶整齐匀称,节奏感强,高度概括,易于记忆,有音乐美。例如:

横眉冷对千夫指,俯首甘为孺子牛。

反复,为了强调某个意思,表达某种感情,有意重复某个词语句子。反复的种类:连续反复和间隔反复。反复有二种类型:连续反复、间隔反复(见表5.5)。

表5.5 反复

类别	特点	例如
连续反复	中间无其他词语间隔	山谷回音,他刚离去,他刚离去。
间隔反复	中间有其他的词语	"在我的后园,可以看见墙外有两株树,一株是枣树,还有一株也是枣树。"

设问,为引起别人的注意,先提出问题,然后自己回答。设问能突出某些内容或提醒人们思考。例如:

花儿为什么这样红?那是因为它是烈士的鲜血染成的。

反问,用疑问形式表达确定的意思。用肯定式的反问表否定,用否定式的反问表肯定。反问有二种类型:肯定式的反问、否定式的反问(见表5.6)。

表5.6 反问

类别	特点	例如
肯定式的反问	表否定	这不是他闯的祸。难道这是他闯的祸吗?
否定式的反问	表肯定	这本书就是我的。难道这本书不是我的吗?

引用,引用现成的话来提高语言表达效果。引用有二种类型:直接引用和间接引用两种(见表5.7)。

表5.7 引用

类别	特点	例如
直接引用	引用现成的话。有冒号、引号,用第一人称。	鲁迅说:"我的信如果要发表,且有发表的地方,我可以同意。"
间接引用	用自己的话转述别人的话,叫间接引语。把冒号改为逗号,去掉引号。用第三人称。	鲁迅说,他的信如果要发表,且有发表的地方,他可以同意。

借代,用相关的事物代替要表达的事物。借代有四种类型:特征代事物、具体代抽象、部分代全体、专名代本体(见表5.8)。

表5.8 借代

类别	特点	例如
特征代事物	用借体的特征、标志去代替本体事物	风筝花花绿绿,各式各样,有"老鹰",有"鹦鹉",有"仙鹤",有"蜈蚣"……
具体代抽象	用具体事物代替相关的抽象事物	在老猎人的指导下,小猎人用弓箭,射死了奔跑的狼。
部分代全体	用事物具有代表性的一部分代替本体事物	不拿群众一针一线,是三大纪律八项注意中的一条。
专名代本体	用具有典型性的人或事物的专用名称作借体代替本体事物的名称	内秀的人,往往在公开场合不愿坦露自己。

借代和借喻的区别：借代重在事物的相关性，脱离具体的语言环境，借体和本体之间仍然有直接的关联；借喻重在事物的相似性，脱离具体的语言环境，借体和喻体之间就不再有任何关联。

反语，俗称说反话，就是用同本意相反的句子或词语表达本意，加强表达效果。反语能讽刺揭露，也能表示亲密友好。反语的突出特点是具有幽默感与讽刺性，有时比正说更有力量。反语有以下两种类别：嘲讽性反语、喜爱性反语。注意：一是应分清对象，注意态度和分寸。二是要创造语境，交代明白，才能使人正确理解，可以使用引号，着重号等标点符号标示喜爱性反语（见表5.9）。

表5.9 反语

类别	特点	例如
嘲讽性反语	用好的词句述说不好的人或事物，以表示嘲弄、讽刺、憎恶、蔑视等感情。	我告诉您了，根据报纸上官方介绍，他是天底下头等大好人，浑身上下毫无缺点，连肚脐眼都没了。
喜爱性反语	用不好的词句述说好的人或事物，以表示喜爱、亲切、赞誉、戏谑等感情。	"几个女人有些失望，也有些伤心，各人在心里骂着自己的狠心贼。"（"狠心贼"是表示了白洋淀妇女对丈夫的喜爱感情）

对比，对比是把两种不同事物或者同一事物的两个方面，放在一起比较，让读者在比较中分清是非，充分显示事物的矛盾，突出事物的本质特征，使好的显得更好，使坏的显得更坏，给人们留下深刻而鲜明的印象。对立的关系是并列关系，无主、宾之分。例如：

虚心使人进步，骄傲使人落后。

月有阴晴圆缺，人有悲欢离合。

亲贤臣，远小人，此先汉所以兴隆也；亲小人，远贤臣，此后汉所以倾颓也。（诸葛亮《出师表》）

有缺点的战士终究是战士，完美的苍蝇终究不过是苍蝇。

注意：运用对比，必须对所要表达的事物的矛盾本质有深刻的认识。对比的两种事物或同一事物的两个方面，应该有互相对立的关系，否则是不能构成对比的。

（三）情感感受

播音时要抓住作品的感情线索，确定播音时的感情基调，以引起听众的感情共鸣。总体把握作品的思想内容，确定感情基调，是播音的前提。

总体把握作品的思想，确定感情基调，是指把握作品总体的色彩（基本的态度、基本的感情）和总体的分量（态度的轻重、感情的浓淡）。例如：

《荷塘月色》中，作者写的是对国家命运的迷惘，其情感基调是忧愁。这忧愁，不是轻愁，不是浓愁，是淡淡的哀愁，愁中又夹杂一丝对荷塘月色美景的陶醉。例如：

节日祝贺播音

女士们、先生们：

今天是农历大年三十，是中国人的传统节日。在这阖家团圆的时刻，我代表全体机组人员祝您及家人新年快乐，万事如意！

向乘客表示节日的祝贺，其情感基调是喜庆。因此，播音员一定要热情洋溢，真诚祝福，给乘客带来节日的问候。

（四）内在语

内在语，即"潜台词"，是文字作品不便表露、不能表露或没有完全表露出来的语句关系或本质，是文章中文字后面的更深一层的意思。朗读时要运用"内在语"的力量赋予语言一定的思想、态度和感情色彩。例如：

人的身躯怎能从狗洞子里爬出！

该句子的潜台词是在敌人的威逼利诱面前，革命者要保持坚贞不屈的高风亮节，如果不注意潜台词，它表面的意思就相差太远了。

（五）对象感

播音是为听众服务的。对象感，就是指播音员必须设想、感觉到对象的存在和对象的反应，必须意识到受众的心理、要求、愿望、情绪等，并由此而调动自己的思想感情，使之处于运动状态，从而更好地表情达意，传达稿件节目的精神实质。例如：

女士们、先生们：

现在机上有一位重病人，你们当中有哪一位是医生或护士，请马上与乘务员联系。谢谢合作！

该播音词可以通过较为沉重的介绍以及气短声促的求助，表达想为乘客想、急为乘客急的关切之情。

分析：这是一则关于机上寻医的广播稿，它有特别指定的受众人群（医生或护士）。要把握住对象感，可以从以下几个方面着手：（1）把握对象感的"质"与"量"。量是指：性别、年龄、职业、人数等有关对象的一般情况。质是指：环境、气氛、心理、素养等有关对象的个性要求。质的方面又是最根本的。（所有的医生或护士）（2）依据内容所反映的主题和目的设想对象。（急救病人）（3）所设想的对象应该稳定统一。（医生或护士）（4）播音员与所设想的对象之间关系是平等的（请求）。（5）为了使设想的对象具体准确，要尽可能多地熟知各种对象的情况，丰富生活经验。

二、外部技巧训练

外部技巧是各种语言因素的综合表现，其构成是多方面的。主要指处理好音节、停顿、重音、语调、语气、节奏、语速等的变化。语调是全篇总体的思想感情运动显露出来的色彩和分量。掌握外部技巧能使播音语音优美和谐,有利于表情达意,烘托气氛,增强语言的感染力,取得音意俱佳、声情并茂的表达效果。

综合运用音节、停顿、重音、语速、语调、语气等外部技巧,是关键。通过运用语调、停顿、重音、语速、语气等外部技巧,实现高低起伏、前后顿歇、重中见轻、快中显慢、语气多变、虚实相转的艺术效果。

（一）音节

音节是听觉能感受到的最自然的语音单位。音节的工整对称、和谐押韵、拟声、叠音等都对语音和语言表达有着极强的作用。

1. 对称

［示例］

良言一句三冬暖,

恶语伤人六月寒。

［评析］

这句话音节对称,平仄对仗,朗朗上口。如果音节不对称,就会影响表达效果。

2. 押韵

［示例］

青山隐隐水迢迢,

秋尽江南草未凋。

二十四桥明月夜,

玉人何处教吹箫。（杜牧《寄扬州韩绰判官》）

［评析］

押韵可以增加语言的节奏感和音乐美。在语言活动中,适当运用韵律调节,可使语句前后呼应,和谐动听,增强语言的艺术魅力。特别是诗歌,如果不注意押韵,其感人效果就会明显降低。

3. 拟声

［示例］

百十个腰鼓发出的沉重响声,碰撞在四野长着酸枣树的山崖上。山崖蓦然变成牛皮鼓面了,只听见隆隆,隆隆,隆隆。

百十个腰鼓发出的沉重响声,碰撞在遗落了一切冗杂的观众的心上,观众的心也蓦然变成牛皮鼓面了,也是隆隆,隆隆,隆隆。

隆隆隆隆的豪壮的抒情,隆隆隆隆的严峻的思索,隆隆隆隆的犁间翻起的杂着草根的土浪,隆隆隆隆的阵痛的发生和排解。好一个安塞腰鼓哇!

（刘成章《安塞腰鼓》（节选））

［评析］

"隆隆,隆隆隆隆"等拟声词描摹了腰鼓的声音变化形态,增加了语言表达的生动性、形象性和感染力。这个朗诵词里,运用以上这些拟声词,音质响亮,气氛热烈,使听众如闻其声,如临其境。听者仿佛看到了腰鼓表演的恢宏场面,仿佛看到了响彻云天的腰鼓敲打声,增强了语言的艺术魅力。

4. 叠音

[示例]

小时候,就特别爱看戏,因为台上有我的母亲。我迷恋她的容光焕发、光彩照人,迷恋她的静静动动、颦颦笑笑;尤其迷恋那些簪簪钗钗、环环佩佩,真的以为那就是辉煌。只是很奇怪,母亲的手似乎永远是藏而不露,似乎永远藏在那条长长的、长长的袖子里。(霍小雨.《水袖》(节选))

[评析]

"静静动动、颦颦笑笑、簪簪钗钗、环环佩佩"等叠音词的运用,突出了词语含义,加强了对母亲舞台表演的描绘,增强了语言的声音美感。同时,深化了表达的内涵,使节奏明显,声音和谐。

(二)停连

1. 停连的概念

停连是指停顿和连接。"停"指停顿,是指语言过程中声音的中断。语言表达过程中,不能一字一停,也不能一口气说到底。"连"指连接。停连,既是生理的上的需要(换气),也是心理上的需要(表情达意);既是说话人表达语意、传达感情的需要,也是听话人理解语意、接受感情的需要。生理需要必须服从心理需要,不能因停害意、因停断情,同时停顿要做到"语断意连",因为停顿是思想感情的继续和延伸,不是终止、中断和空白。例如:

我看见/她哭了。

我看见她/哭了。

已获得文凭的/和尚未获得文凭的教师……

已获得文凭的和尚/未获得文凭的教师……

以上两句话没有标点,但在不同的地方停顿,人物就不同,甚至产生歧义。

2. 停连的作用

停连是有声语言表达的重要组成部分,是思想感情的继续和延伸,是对语义的逻辑关系和重点的提示,对唤起听者的注意,有着重要的意义。

3. 停连的特点

一般地说,在表达过程中不能任意停连,要根据表达的内容合理安排,并以思想感情的运动状态为前提。为使表达更准确、更生动,停连不应受到标点符号的限制,而是根据语句的长短、表达内容的多少、表达感情的不同,灵活运用。停连要和重音、语速、语调结合运用。

4. 停顿的分类

停顿可分为语法停顿和强调停顿。停连运用的基本原则:标点符号是参考;语法关系是基础;情感表达是根本。

1）语法停顿

语法停顿是指由句子之间的语法关系、语法结构确定的停顿。主要包括主谓之间、述宾之间、修饰语与中心词之间、分句之间、句子之间、层次之间、段落之间的停顿。

（1）按标点符号停顿。

按标点符号停顿又叫句逗停顿，是按各种标点符号做的停顿。是语法停顿的参考。

文字语言的停连关系用标点符号显示，而语言活动的"标点符号"则是停顿和连接。停顿时间的长短要根据语法结构和内容的需要。按标点符号进行的停顿，不能生搬硬套，要根据需要适当处理。

停顿的时间有长有短，大体上是顿号、逗号较短，分号、冒号、句号、破折号适中，问号、惊叹号、省略号较长，段落之间的停顿更长。一般标点符号停顿时间长短的规律是：顿号＜逗号＜分号、冒号＜句号、破折号＜问号、叹号、省略号。例如：

放学了，／——／你们走吧！（阿尔封斯·都德《最后一课》）

她手里提着竹蓝，／内中一个空碗，／空的；／／一手柱一支比她更长的竹竿，／下端开了裂：／／／她分明纯乎是一个乞丐了。（鲁迅《祝福》）

（2）按语法关系停顿。

按语法关系停顿是根据语言逻辑和思维逻辑的需要，按照句子、词语、层次、段落间的语法关系所作的停顿，它可以把语意表达得清楚、准确。

这种停顿的特点是，它不完全受标点符号的制约，没有标点的地方可以停顿，有标点的地方不一定停顿。其主要规律有以下几个方面：

① 主谓之间停顿。

爸／不懂得怎样表达爱，……而妈／则把我们做过的错事开列清单。（艾尔玛·邦贝克《父亲的爱》）

育才小学校长陶行知／在校园看到学生王友／用泥块砸自己班上的同学。（陶行知《四块糖果的故事》）

阿毛扔出的废旧物品／不左不右地落在楼下行走着的人的头上。（较长的主语之后停）

孩子叫声／从乡间的低矮的小屋传来了。（较长的谓语之前）

② 述宾之间停顿。

我最爱看／天上密密麻麻的繁星。（巴金《繁星》）

我常想／读书人是世间幸福人。（谢冕《读书人是幸福人》

我明白了／她称自己为素食者的真正原因。（罗曼·加里《我的母亲独一无二》）

她看见／商店里一个衣冠楚楚的人正在掏别人的钱包。（较长的宾语之前）

③ 附加成分和中心词之间停顿。

第一，修饰语和中心词之间停顿。如定语、状语之后，补语之前。

床架上方,则挂着一枚/我一九三二年/赢得耐斯市少年乒乓球冠军的/银质奖章。(罗曼·加里《我的母亲独一无二》)(定语和中心词之间)

从彤云密布的天空中/飘落下来。(峻青.《第一场雪》)(状语和中心词之间)

他眼睛睁得/大大的。肚子吃得/鼓鼓的,嘴巴/油光光的。(补语和中心词之间)

第二,较长的联合短语、复指短语之间停顿,独立语之后,表示时空的、情态的全句修饰语后停顿。例如:

从那些往哲先贤/以及当代才俊的著述中学得他们的人格。(谢冕.《读书人是幸福的人》)(联合短语之间)

那些失去/或不能阅读的人是多么的不幸。(谢冕.《读书人是幸福的人》)(联合短语之间)

上面布满了大大小小/形形色色的徽章、奖章。(青白.《捐诚》)(联合短语之间)

在这些一片片的"龙骨"上,记载了殷代宗教/战争/农业/牧业/手工业/气象/政权组织/以及文化生活等方面的概况。(崔金泰,宋广礼.《从甲骨文到缩微图书》)(联合短语之间)

自然界中生物的发展,终于导致人类/这种改造和征服自然的特殊生物的出现。(复指短语之间)

据说/她昨天去了天津。(独立语之后)

在暑天/他为多少家庭装上了空调,送去了凉爽。(表示时空的全句修饰语之后)

第三,如果有几个"的"或"地"在一句话里出现,前几个"的"或"地"之后可停,离中心语最近的"的"或"地"后一般不要停,但中心语较长时,这个"的"或"地"之后可停。例如:

在非洲发现的/几种类型的/似人是猿的化石,总称"南方古猿类"。(化石是中心语,前面两个"的"后停,最后一个后面不停)

我发现母亲正仔细地/用一小块儿碎面包/擦那给我煎牛排用的油锅。(罗曼·加里《我的母亲独一无二》)(油锅是中心语,前面两个"的"后停,最后一个后面不停)

现在我们需要大批大批的/成千上万的/能够在各种知识部门中成为行家的/优秀青年干部。(优秀青年干部是中心语,"的"后都可以停)

第四,"主语+是+宾语"句式中,表示判断的,主语后可停,"是"之后不停;表示提醒注意的,主语后不停,"是"之后可停。例如:

我们单位的小张/是最漂亮的姑娘。(表示判断的)

最难得的是/他工作那样忙还处处关心着朋友的生活。(表示提醒注意的)

2)强调停顿

(1)强调停顿的概念。

强调停顿是指表达时为了突出或强调句子中某种事物、语意、感情、语气,在非语法停顿的地方适当停顿或在语法停顿基础上变动停顿时间。它又分为逻辑停顿和强调停顿。

（2）强调停顿的特点。

第一，往往声断意连。

第二，没有固定规律。它不受语法停顿的限制，有时和语法停顿一致，有时不一致。它主要是受表达内容和表达者感情的支配。一般按文意、合文气、顺文势，是我们运用停连的原则。例如：

他/有什么用？

这个停顿很明显地突出或强调了，对他"没有什么用处"的不满。

这个账/我不能不算！

这句话用双重否定的句式来表示"算帐"的决心，感情已经十分强烈了。"账"字后面作一停顿后，决心更加坚定。

谁/是这个时代最值得尊敬的人？我们的子弟兵，我们的消防战士，我认为他们/是最值得尊敬的人。

这句话中，"谁"字后面的停顿既是语法停顿，也是强调停顿；"他们"后面的停顿就是强调停顿。

在语法停顿基础上变动停顿时间。例如：

我们姐弟几个都很高兴，买种、⌒翻地、播种、⌒浇水，没过几个月，居然收获了。（许地山《落花生》）

句中的几个动作，分别归并为两个词组，缩短了停顿的时间，说明了播种过程的顺利。

强调停顿不受语法停顿的限制。例如：

你/明天去北京吗？

你明天去/北京吗？

3）结构停顿

结构停顿是为了表示文章的层次、段落等而做的停顿。由文章的层次结构决定。一般情况下，间歇时间的长短是：段落＞层次＞句子。

4）呼应性停顿

例如：

这对/小燕子，便是我们故乡的/那一对，对吗？（郑振铎《海燕》）

5）音节性停顿

多运用于节奏感比较强的诗句中。

例如：

空山/新雨后，

天气/晚来秋。（王维《山居秋暝》）

6）停连的方式

（1）停顿方式。

① 扬停。

一般用在句中无标点处，或一个意思中间需停顿的地方。特点是停顿时间较短，声停气不尽。例如：

我,我,我很恨他,可我离不开他。

你是谁……/凭什么欺负人。

② 落停。

一般用在一句话,一个层次,一篇文章结束时。特点是声音弱下来,气息用完后停住,停顿时间较长。例如：

同学们,放学了,——你们走吧!

(2) 连接方式。

① 直连。

一般用于有标点符号而内容联系紧密的地方,特点是顺势连带,不露痕迹,甚至不用换气。例如：

你看该怎么办,⌒就怎么办吧,⌒别再问我。

你是少奶奶啊,饭不做,⌒锅不刷,⌒孩子也不带,⌒你怎么会是这样的一个人啊!

② 缓连。

一般用于较舒缓的一句话或一段之间的连接,或用于没有标点符号而内容又需要区分的地方,特点是声断意连,环环相扣。例如：

人群里,年长的是大娘,⌒大爷;同年的是大哥,⌒大嫂,兄弟,⌒姐妹,都是亲人。又仿佛队伍同志是群众,⌒群众又同时是队伍,根本分不清。(吴伯萧.《歌声》)

可小鸟憔悴了,给水,⌒不喝! 喂肉,⌒不吃! (王文杰《可爱的小鸟》)

(三) 重音

1. 重音的概念

重音是指表达时对句子中某些词语或结构成分从声音上加以突出的现象。突出重音的方法有重读、轻读、拖长。重音分为词重音和句重音。句重音一般分为语法重音、强调重音。

2. 重音的作用

重音的作用主要是突出语句的重点和作品的主题,增强语言的节奏感和表现力。语言由句子组成,句子由词或短语组成。在表达中,处于较次要的地位的词或短语,不需要重读;处于重要的地位的词或短语,需要重读,以突出表达内容的重点,使语意更准确,使思想感情表达更充分。

重音不明,语意就模糊;重音突出,语意就清楚准确。同样一句话,如果重音位置不同,意思就不同。例如：

我看见/他笑了。

我看见他/笑了。

同一句话,前一句停顿后把"他"读成重音,表示他笑了;后一句停顿后把"笑",表示我笑了。

3. 重音的分类

重音分为词重音、句重音两类。

1）词重音

(1) 词重音的概念。

词重音是指一个词里读得较重的音节。这种重音基本上是固定的。轻与重是相对的，读起来要自然。读词语时，声音介于中间的音节称为中音，短并且弱的音节称为轻音，长而强的音节称为重音。

(2) 词重音的格式。

多音节词的几个音节有约定俗成的轻重差别，这就是词的轻重格式。这种格式一般不能改变。

① 双音节词的格式。

第一，多为"中重"格式。如，到达、海岛、公平、化学

第二，"重中"格式。如，奉承、消极

第三，"重轻"格式。如，桌子、萝卜、妈妈

② 三音节词的格式。

第一，"中中重"格式。如，北京市、毛泽东、秦皇岛

第二，"中轻重"格式。如，差不离、萝卜丝、豆腐干、葡萄干

第三，"中重轻"格式。如，打摆子、小舅子

第四，"重轻轻"格式。如，站起来、看上去

③ 四音节词的格式。

第一，"中重中重"格式。如，北京大学、至理名言、坦桑尼亚

第二，"中轻中重"格式。如，花里胡哨、圆咕隆冬、灰不溜秋

第三，"重中中重"格式。如，目不忍睹、道不拾遗、面不改色

2）句重音

句重音分为语法重音、强调重音两类。

(1) 语法重音。

语法重音是根据句子语法结构对某个句子成分所读的重音。特点是位置比较固定。音量不太强，是一般重音。包括短句的谓语动词、修饰成分、限制成分、数量词、疑问代词、指示代词、并列关系、对比关系、转折关系的关键词等。其规律如下：

① 短句中的谓语一般重读。例如：

东风来了，春天的脚步近了。（朱自清《春》）

山朗润起来了，水涨起来了，太阳的脸红起来了。（朱自清《春》）

桂林的山真奇啊，……桂林的山真秀啊，……桂林的山真险啊，……（陈淼《桂林山水》）

② 动宾结构中的宾语一般重读。例如：

谈文学、谈哲学、谈人生道理等等。（杏林子《朋友和其他》）

我爱月夜,但也爱星天。(巴金《繁星》)
双宾语后面的宾语一般重读。例如:
李老师教我们舞蹈。

③ 定语比中心词要稍重。例如:
现在正是桃花盛开的季节。
它是最贵重的中药。
我的心和你的心一样地跳动着。

④ 状语比中心词稍重些。例如:
他飞快地跑了。
她惊疑地接过他送来的玫瑰花。
大雨整整下了一夜。
她极为仔细地端详着他的脸。

⑤ 补语比中心语稍重些。例如:
他眼睛熬得通红。
这场球打得真好。
他眼睛睁得圆圆的。皮肤白得细腻,嘴巴小小的。看不出他在发怒。

⑥ 疑问代词、指示代词,数量词一般重读。例如:
我到哪里去找他啊?
谁能把这人的好处说出来?
他在和谁生气?
这意味着什么呢?
她家里有两个孩子。

⑦ 表示时间的词一般重读。例如:
2015年9月8日,我们学校的新生都报到了。
星期一上午,我们班要去上舞蹈课。
会议在下午3点钟开始。

3)强调重音

(1)强调重音的含义。
强调重音是为了强调某种感情和意义而确定的重音,又称"逻辑重音"、"感情重音"或"特殊重音"。

(2)强调重音的特点。
特点是没有固定的规律,同一句话,强调的内容不同,重音的位置就不同。一般根据语言的环境、内容和感情来确定:
一是表达强烈感情的词句;例如:别了,我的母校,我魂牵梦绕的母校。
二是比喻性的词句。例如:教室里传来了雷鸣般的掌声。
三是表示对比、并列、照应和递进等关系的词句。例如:这十多个少年,不但都会水,而且两三个还是游泳健将。

四是突出语言重点,能表明语意内容的词句。例如:

问:你去过上海? 答:我去过上海。(强调人物)

问:你去过上海? 答:我去过上海。(强调动作)

问:你去过上海? 答:我去过上海。(强调地点)

(3) 强调重音的分类。

强调重音分为逻辑重音和感情重音两种。

① 逻辑重音。

概念:逻辑重音是根据逻辑关系,强调句子中某些特殊意义的重音。

作用:逻辑重音用得好,可以把内容表达得更加合理,进而更有利于突出语言的中心思想。反之,就会影响主题的表达,甚至使听众对表述发生误解。

特点:逻辑重音没有固定位置,随着逻辑思维中心的变化而变化;逻辑重音对语意的表达起关键作用,语法重音对语意的表达影响较小。一般情况下,读逻辑重音时,要比读语法重音时的音量更大,有时也可使音高或音长增加。例如:

"她会绣花"这句话的逻辑重音的表达,可根据表达的需要,作以下处理:

她会绣花。强调人物。

她会绣花。强调能力。

她会绣花。强调技术。

注意:语法重音要服从于逻辑重音,就是说一句话里或同一语境下,有了逻辑重音,语法重音就不再强调了。例如:

我请你喝茶(强调活动主办);

我请你喝茶(强调活动性质);

我请你喝茶(强调活动对象);

我请你喝茶(强调活动内容)。

例如:

A 问:……你把她的都哪儿?(哪儿,是语法重音)

B 答:我把她带到学校了。

A 问:我问您,他现在到底在哪里?(强调了"现在","哪儿"就不是重音了)。

② 感情重音。

概念:为了表达某种特定感情,把某些词语读成重音。

作用:这种重音用得好,可以把句子中的感情表达得更准确、更充分、更强烈。一句话里可以有好几处感情重音,也可以根据内容把整句话读作重音。

特点:感情重音在同一句子中,也可因抒情侧重点的不同而不同。

比喻句中的比喻词和喻体一般重读。例如:

看这野花,像桃花、像杏花,密密地盛开着。

这姑娘美丽的仙子,轻盈而来的,微笑而去。

对比性的词语一般重读。例如:
骆驼很高,羊很矮。骆驼说:"长得高多好啊!"羊说:"不对,长得矮才好呢!"
孔雀很美丽,但也很骄傲。
例如:
"他为什么要哭啊?"
如果重音在"为什么"上,情感表达的侧重点是在哭得不明不白上遗憾、不解或惋惜等;如果重音在"哭"上,感情表达的侧重点是在"哭"这个结果难以让人理解。

4)重音的表达方法

重音的表达方法很多,可根据需要灵活掌握。

(1)加强音量法。

加强音量法是指有意地把某些词语读得重一些,响一些,使音量增强。例如:
怕,你就知道怕。
人,不能总是胆怯,
只有克服胆怯心理;
你才能逐渐自信起来,
从此你便学会了从容。

(2)重音轻读法。

重音轻读法是指在表达时,把应该是重音的字词用减轻音量的方法轻轻地表达出来,引起听者的注意。一般用在表达极为复杂而细腻的感情时,比加大音量效果还好。例如:
风一吹,芦花般的苇絮就飘飘悠悠的飞了起来。
在这幽美的夜色中,我踏着软绵绵的沙滩,沿着海边,慢慢地向前走去。海水轻轻地抚摸着细软的沙滩,发出温柔的刷刷声。(峻青《海滨仲夏夜》)
奶奶去世几年了,可我们总是没有忘记她,白天想念她,夜晚梦见她。

(3)放慢拖长法。

放慢拖长法是指有意放慢速度将音节拖长一些,用延长音节的办法使重音效果突出。例如:
"就算这样吧,"狼说,"你总是坏家伙,我听说,去年你在背地里说我的坏话。"(伊索寓言《狼和小羊》)
是的,智力可以受损,但爱永远不会。(张玉庭《一个美丽的故事》)
她步履沉重,一步一步地向前走着。

(4)前后停顿法。

就是重音和停顿相互配合,许多重音的前后往往是停顿。例如:
一只/大狗,捕捉到了一只/兔子。
这里"大狗"和"兔子"是重音,在前面加一个停顿,也会起到良好的效果。

(5) 笑声强调法。

例如：

小张正在讲自己如何勇敢，突然有人大喊一声，把他吓一跳！

"吓一跳"可以用讥笑表达方式处理。

(6) 哭声强调法。

例如：

"妈妈，你到底去了哪里？你可知道你的儿子是多么想念你吗?"

"妈妈"一词用哭声表达。

(7) 音量层递法。

例如：

"这花真美呀，真美呀!"这句话中有两个"真美呀"，用这种方式表达较好。

(8) 顿字法。

顿字法是指在要强调的词后面做一短暂的停顿。例如：

我们终于爬到山顶了，大家高兴的呼喊我们胜/利/了。

再见了，亲人！我的心永远/和你们在一起。

5) 重音的注意事项

重音要少而精。不能强调过多。

重音要有分寸。不能强调过分。

重音多与停顿结合。一般在重音前后停顿。

重音为了实现表达目的。目的不同，重音的位置不同，不等于"加重声音"。

(四) 语调

1. 语调的概念

语调又称句调，是指语言声音的升降曲直、高低起伏的变化形式。它由音高决定，贯穿于整个句子，主要体现在句子结尾的升降变化上，并且和句子的语气紧密结合。语调的升、降、曲、直等变化，可以使语音动听，也可以细致地表达不同的语气、语意和思想感情。句调变化多端，主要有升调、降调、平调、曲调四种。

2. 语调的特点

语调的变化是丰富的，"语无定势"说明了语调变化没有固定的定律。

3. 语调的分类

为了使大家对语调的变化有直观的了解，我们把语调的基本形态归纳为以下4种：平调、升调、降调、曲折调。

1) 平调

平调的特点是语句的调子舒缓平直，没有明显的高低变化，只是语句末尾略呈下降的趋势，一般用于叙述、说明等句子里，表示平淡、冷静、追忆、思索、迟疑或表示庄重、哀悼等感情。例如：

我家的后面有一个很大的花园，相传叫百草园。→（表示叙述）

我们家有三口人,爸爸、妈妈和我。(表示说明)

读小学的时候,我的外祖母过世了。(林清玄《和时间赛跑》)→(表示追忆)

可是,我……我还没有向您请教呢……(纪广洋《一分钟》)→(表示迟疑)

这个问题我没有考虑过。→(表示冷静)

这人怎么躺在地下不动了,是病倒了,还是被汽车碰撞了。→(表示思索)

面对牺牲的战友,大家都保持沉默。→(表示庄重)

2)升调

升调的特点是语句的调子由平到高,句末明显上扬,一般在疑问句、反诘句、短促的命令句中,表示疑问、反问、号召、命令、自豪、呼唤、惊异等感情。例如:

我怎么会把您喝的水弄脏呢?↗(表示疑问)

难道你不认识他,看上去他和你很熟,怎么打了就走啊?↗(表示疑问)

世界上还有比日本法西斯更野蛮、残酷的吗?↗(表示反问)

只要同学们勤奋努力,你们的目标一定能够达到!↗(表示号召)

嗬!好大的雪啊!↗(表示惊讶)

让这雷声再大些吧!↗(表示呼唤)

今天,一个大写的中国,让人读得光明、读得酣畅!↗今天,一个腾飞的中国,更让人读得生动、读得自豪!↗(欧震《青春中国》)(表示自豪)

注意:不带疑问词的疑问句,必须用升调处理,否则就成了陈述句。例如:

你是新来的老师?↗

同学们,今天没有事了?↗

3)降调

降调的特点是语句的调子由平到低,句尾明显下抑,末字低而短。一般用在感叹句、祈使句、陈述句中,表示肯定、坚决、请求、劝阻、感叹、沉重、自信、赞扬、沉痛、悲愤等感情。例如:

盼望着,盼望着,东风来了,春天的脚步近了。(表示肯定)

我是唯一的一个找到真金的人!↘(表示肯定)

我们决不允许这样的事情发生!↘(表示坚决)

交给我们吧,你磨光的扁担!↘(表示请求)

这美丽的南国的树!↘(表示感叹)

等待着,等待着,载着您遗体的灵车,碾过我们的心。↘(表示沉重)

韶山的路,是多么令人心驰神往的路啊!↘(表示赞扬)

唉,我不知何时再能与他相见。↘(表示忧伤)

"人类最后的痛苦就是家园的失去,祖先最初的热土,该不是家园最后的墓志吧?↘"(刘湘晨《胡杨祭》)(表示沉重)

4)曲调

曲调的特点是语句的调子先升后降或先降后升,一般用在感情复杂的句子中,主要通过把某些特殊的音节加重、加高或拖长,形成曲折的升降变化,用来表示含蓄、幽默、夸张、怀疑、讽刺、反语、讥笑、夸张、强调、双关、特别惊异等复杂的感情。

(1) 先升后降式。声音由低向高再向低行进,形状像波峰。例如:

世界上不爱美的人↗是没有的↘。

"为什么我的眼里常含泪水?↗因为我对这土地爱得深沉。↘"(艾青《我爱这土地》)(表示强调)

这些海鸭呀,享受不了战斗生活的欢乐,轰隆隆的雷声↗就把它们吓坏了。↘(表示讥笑)

(2) 先降后升式。声音由高向低再向高发展,形状像波谷。例如:

她是↘我们学习的好榜样↗。(表示强调)

是我的错↘,你没错!↗(表示反语)

爸听了便叫嚷道:"你以为这是什么车?↘旅游车↗?"(表示讽刺)

"许是累了?↘还是发现了新大陆?↗"(王文杰《可爱的小鸟》)(表示怀疑)

"树,↘活的树,↗又不买,↘何言其贵?↗"(舒乙《香港:最贵的一棵树》)(表示特别惊异)

你不说我还明白,↘你越说我越糊涂了。↗"(表示揶揄)

4. 语调和字调的关系

语调的高低升降,明显的表现在语句末尾的那个音节上,这往往会影响语句末尾的音节的读音,使其调值发生变化。把握好这种变化,处理好语调和字调的关系,是语言表达过程中必须注意的问题。语调和字调的关系大体如下:

1) 升句调和字调的关系

(1) 在升句调中,上升字调(包括阳平、上声),字调再稍扬。例如:

"你不来?"

这里的"来"字,在读法上由原来的 35 度变为 35 + 。

"你不走?"

这里的"走"字,在读法上由原来的 214 度,变为 214 + 。

(2) 在升句调中,平直字调(阴平),字调再稍扬。例如:

"你不说?"

这里的"说"字,在读法上由 55 度变为 55 + 。

(3) 在升句调中,下降字调(去声),字调变为降升。例如:

"你还笑?"

这里的"笑"字,在读法上由 51 度变为 512 或 513 度。

2) 降句调和字调的关系

(1) 在降句调中,下降字调,字调要稍抑。例如:

"你快去!"

这里的"去"字,在读法上由51度变为41或31甚至变为21。

(2) 在降句调中,平调字调(阴平、阳平),调级要落低。例如:

"你快说!"

这句话里的"说"字,在读法上由55变为44或33或22度,这要根据表达的内容和情感而定。

"你快来!"这里的"来"字,在读法上由35变为24。

(3) 在降句调中,降升字调(上声,即第三声),字调后部要稍抑。例如:

"你快跑!"

这里的"跑"字,由214度变为213或212或211度。

训练:

啊,我听着呢。　　　　　　(平调,表示陈述)

啊?你说谁?　　　　　　　(升调,表示发问)

啊!太好了!　　　　　　　(降调,表示赞扬)

啊?怎么会是他啊?　　　　(曲调,表示惊奇)

啊!原来是这样啊!　　　　(曲调,表示恍然大悟)

(五) 节奏

受作品的感情基调和思想内容的制约,播音时除了注意语句的抑扬顿挫外,还应注意节奏的轻重缓急。

1. 节奏的含义

节奏是指表达者思想感情的波澜起伏在语音上的抑扬顿挫、轻重缓急、回环往复的形式。

2. 节奏的特点

一般根据感情的需要,确立节奏。欢快的、激动的或紧张的内容,节奏要快一些;悲痛的、低沉的或抒情的内容,节奏要慢一些;平淡的、舒缓的内容,节奏可以中等。如《再别康桥》比《我爱这土地》的语速要慢一些。同一篇文章中,语速也会有变化,如闻一多《发现》,语速应是:慢→快→慢。

3. 节奏的类型

根据节奏的基本特点和表现形式,分为以下六种类型:

1) 轻快型

轻快型语调语速较快,声音多扬少抑,多轻少重,语节少,词语密度大,顿挫较少,语言流畅,轻松快捷,一般用来表示欢快、诙谐、幽默等感情。例如:

夜色深沉星儿繁,

一弯新月挂天边。

枕畔美梦常相伴,

离奇故事说不完。

窗外风声诉时光,

歌声不断响耳畔。
清晨朝露放光芒,
插翼振翅任翱翔。

2) 凝重型

凝重型语势较平稳,语调多抑少扬,顿挫较多,声音较低,强而有力。多抑少扬,音节多,基本语气及其转换都显得凝重,重点句、段更加突出。一般用来表示严肃、庄重、沉思的意味。例如:

然而,多数中国文人的人格结构中,对这个充满象征性和抽象度的西湖,总有很大的向心力。社会理性使命已悄悄抽绎,秀丽山水间散落着才子、隐士,埋藏在身前的孤傲和身后空名。天大的才华和郁愤,最后都化作供后人游玩的景点。景点,景点,总是景点。

再也读不到传世的檄文,只剩下廊柱上龙飞凤舞的楹联。

再也找不到慷慨的遗恨,只剩下几座既可凭吊也可休息的亭台。

再也不去期待历史的震颤,只有凛然安坐着的万古湖山。(余秋雨《西湖梦》)

例如:

庆历四年春,滕子京谪守巴陵郡。越明年,政通人和,百废具兴。乃重修岳阳楼,增其旧制,刻唐贤今人诗赋于其上,属予作文以记之。

予观夫巴陵胜状,在洞庭一湖。衔远山,吞长江,浩浩汤汤,横无际涯;朝晖夕阴,气象万千。此则岳阳楼之大观也,前人之述备矣。然则北通巫峡,南极潇湘,迁客骚人,多会于此,览物之情,得无异乎?

若夫霪雨霏霏,连月不开,阴风怒号,浊浪排空;日星隐曜,山岳潜形;商旅不行,樯倾楫摧;薄暮冥冥,虎啸猿啼。登斯楼也,则有去国怀乡,忧谗畏讥,满目萧然,感极而悲者矣。

至若春和景明,波澜不惊,上下天光,一碧万顷;沙鸥翔集,锦鳞游泳;岸芷汀兰,郁郁青青。而或长烟一空,皓月千里,浮光跃金,静影沉璧,渔歌互答,此乐何极!登斯楼也,则有心旷神怡,宠辱偕忘,把酒临风,其喜洋洋者矣。

嗟夫!予尝求古仁人之心,或异二者之为。何哉?不以物喜,不以己悲。居庙堂之高,则忧其民;处江湖之远,则忧其君。是进亦忧,退亦忧。然则何时而乐耶?其必曰"先天下之忧而忧,后天下之乐而乐"乎。噫!微斯人,吾谁与归?

时六年九月十五日。(范仲淹《岳阳楼记》)

3) 低沉型

低沉型语调低沉,语势沉缓,句尾多显沉重,音强而着力,词语密度疏,音节拉长,声音偏暗,一般用来表示庄重、肃穆的气氛和悲痛、伤感、哀悼、抑郁的感情。例如:

我消失了你也不知道我的存在;我落泪了你也看不到我的伤痕;我放弃了你也看不到我的付出;我沉默了你也听不到我的心声。爱一个人有时候总有些悲哀……

总是认为自己可以高傲的说句无所谓,结果并不如愿;总是认为自己毫无愧疚问心无愧,事实不是如此;总感觉自己用日志能真情流露,但字里行间却少有人发现……

景物依旧,人事已非,曾经的相依相偎,已如风里的烟尘飘散在时光的脚步,留下了想念在记忆的扉页,铭心刻骨。忘不了你的温柔,忘不了你的喃喃呓语,忘不了……

总是会很久都看不到阳光蓝天和白云,断断续续的雨一直连绵很多天,时大时小,时紧时慢,让人的心变的很凄凉很无奈,特别是夜里,突然的一阵急雨会敲的门窗很响,让人的心变的紧张而狂乱无法入睡……①

4) 高亢型

高亢型语调高昂,语速较快,语势多为起潮类,浪峰紧连,步步上扬,势不可遏,声音多重少轻,多连少停,基本语气及其转换趋于高昂或爽朗,重点句、段更为突出,一般用来表现热烈、豪放、激昂、雄浑的气势。例如:

你见过昆仑跪吗?

没有!

昆仑——

那是我们中国

骄傲的腰背!

你见过长城弯腰吗?

没有!

长城——

那是我们民族

自豪的脊椎!

不会下跪!

我们母亲的血液中

没有跪的基因!

不会下跪!

我们父亲的骨骼里

没有跪的骨髓

不会下跪!

我们赖以生存的

中国的流水里

含着很多的钙

他只会养育吐气和扬眉

---

① 绝想网交友. 相思是一种痛彻心扉的甜蜜. www.juexiang.com.

而不会养育下跪——
因此,我们的每一个头颅
都是经风经霜的
永不低垂的
盛开的花卉!……
"我是中国人
我,不会,给你下跪!"
他是代表着我们中国人
向列祖列宗发誓:
天,我们不跪!
地,我们不跪!
神,我们不跪!
鬼,我们不跪!
权势,我们不跪!
美色,我们不跪!
美元,我们不跪!
洋人,我们不跪!
我们中国人
是顶天立地的人!
我们中国人,是不跪的人
我们——对谁,对谁也不下跪
我们——永远,永远也不下跪!(王怀让《中国人,不跪的人》(节选))

5)舒缓型

舒缓型语调舒展自如,语节多连少顿,语势较平稳,声音轻柔,语速较缓,一般用来描绘幽静、美丽的场景,表达平静、舒展的心情。例如:

"江南的山水是令人难忘的,缭绕于江南山水间的丝竹之音也是令人难忘的:在那烟雨滚滚的小巷深处,在那杨柳依依的春江渡口,在那黄叶萧萧的乡村野店,在那白雪飘飘的茶馆酒楼……谁知道,那每一根颤动的丝弦上,曾经留下多少生离死别的故事。"(严阵《江南丝竹》)

例如:

从未见过开得这样盛的藤萝,只见一片辉煌的淡紫色,像一条瀑布,从空中垂下,不见其发端,也不见其终极,只是深深浅浅的紫,仿佛在流动,在欢笑,在不停地生长。紫色的大条幅上,泛着点点银光,就像迸溅的水花。仔细看时,才知那是每一朵紫花中的最浅淡的部分,在和阳光互相挑逗。(宗璞《紫藤萝瀑布》)

6)紧张型

紧张型多扬少抑,多重少轻,声音较短,气息急促,语速较快,一般用来表达紧张、急迫的情形和抒发激越的情怀。例如：

你说你是对的,请你摆出事实;你说你是对的,请你讲出道理。既摆不出事实,又讲不出道理,怎么能说明你是对的。证明自己的对错,一定要用事实说话,一定要用道理说话。拿不出事实,讲不明道理,何以为对？请你自己认真想想,你做的到底是对,是错？千万不能胡搅蛮缠,胡搅蛮缠本身就是错误;千万不要固执己见,固执己见本身就是错误。你一定要明白这个道理！

以上六种节奏类型,只是大致的分类。在实际的朗读过程中,一篇作品的节奏不是单一的,往往随着内容情节的变化而变化。因此在朗读过程中,节奏要因文而异,切忌死板单一。

（六）语气

1. 语气的概念

语气是指体现表达者立场、态度、个性、情感、心境等起伏变化的语音形式和气息状态。它是思想感情、篇章词句、语音形式、气息状态的统一体,和感情表达有着极为密切的关系。气息不同,表达的感情就不同。恰当的语气,可以使表达生动、准确。播音者要用不同的气息和声音状态表达丰富的思想感情。

2. 语气的特点

语气具有综合性。包括声调、句调、语势、气息。

语气包含内在的感情色彩。语气的具体思想感情色彩要根据内容要求,并非随意安排。

语气有外在的声音形式,如高低、强弱、快慢、虚实等。语气的具体思想感情色彩要表现在外在的声音形式上。

语气是多种多样的,表达时要根据思想感情的需要来确定语气。

3. 语气的表达

语气为表达感情服务,感情的千变万化,决定了气息的千姿百态。

语气运用的一般规律：一般地说,爱的语气,气徐声柔;憎的语气,气足声硬;喜的语气,气扬声高;悲的语气,气沉声缓;惧的语气,气提声凝;怒的语气,气粗声疾;急的语气,气短声促;忧的语气,气馁声低;欲的语气,气多声放;疑的语气,气细声粘;冷的语气,气少声平;静的语气,气舒声平。

1）爱的语气,气徐声柔

发音要点：口腔宽阔、放松,气息深沉、缓慢,声音婉转、温柔,像初春细雨,滋润大地。例如：

孩子,妈妈很爱你！

她给了我春天般的温暖。

智力可以受损,但爱永远不会。

2）憎的语气,气足声硬

发音要点：口腔狭窄、紧张,气息饱满、迅猛,声音洪亮、生硬,像催征的战鼓,势不可遏。例如：

可怜啊,可气啊!

自己上当受骗了,却不明白受骗的原因,真是糊涂到顶了!

3）喜的语气,气满声高

发音要点：口腔宽阔、放松,气息饱满、流畅,声音明亮、轻松,像礼花绽放,喜气洋洋。

我们班得了第一,太棒了!

4）悲的语气,气沉声缓

发音要点：口腔狭窄、紧张,气息深沉、压抑,像挑山人上山,沉重、艰难。例如：

她走了,

她就这样的走了。

带着对亲人的眷恋,

带着诸多的遗憾。

愿她在天堂安息,

愿她在另外一个世界安宁!

她走了,

留给人们的只有痛心。

她走了,留给人们的只有惋惜。

她真真正正的是个好人!

5）惧的语气,气提声抖

发音要点：口腔狭窄、紧张,气息上提、阻塞,声音颤抖、凝滞,像冰下流水,行进困难。例如：

有、有、有鬼!

6）怒的语气,气粗声重

发音要领：口腔宽阔、紧张,气息饱满、迅猛,声音高大、生硬,像节日的爆竹,威力无比。例如：

太不像话了!

出去!

7）急的语气,气短声促

发音要领：口腔狭窄、紧张,气息轻短、急促,声音高大、急促,像乱箭齐发,应接不暇。例如：

只听见有人大声呼喊,快来人啊,快来人啊! 有个孩子落水了。水性不好的他,在高声喊过之后,跳进急流里,向孩子游去……

8）忧的语气,气馁声低

发音要领：口腔狭窄、放松,气息细小、微弱,声音低暗、缓慢,像泄气的皮球,软弱无力。例如：

已经这样了,没办法了。

9）欲的语气，气多声放

发音要领：口腔开阔、放松，气息饱满、流畅，声音明亮、舒展，像江河中的清流，奔放、自由。例如：

我希望，我的感情生活能像我的内心和外表一样时刻充满阳光。

我希望，在我而立之前有一套房子，可以不是很大但很温馨，女主人可以不是美女，但是我爱的那个她。

10）冷的语气，气少声平

发音要领：口腔狭窄、放松，气息细小、微弱，声音低暗、缓慢，像断线的风筝，缓缓落下。例如：

啊，我知道了。那已经不是新闻了。

11）疑的语气，气细声粘

发音要点：口腔先松后紧，气息流畅、轻细，声音委婉、上升，像池塘的鲜藕，藕断丝连。例如：

你还记得我吗？

我怎么会把您喝的水弄脏呢？

12）静的语气，气舒声平

发音要领：口腔适中、放松，气息舒缓、流畅，声音平静、舒展，像山间小溪，缓缓流淌。例如：

放心吧，一切都准备好了。

4. 语气的类型

表达者表达的内容、思想感情、表达方式千差万别，所以语气的平曲、高低、张弛、急缓也会变化万千。语气的类型有：

1）按句型分

有陈述句、疑问句、感叹句、祈使句四大类。表达时要有相应的语气。

（1）陈述句要用平铺直叙的陈述语气。例如：

我准备今天去逛公园。

（2）疑问句要用疑惑不解的语气。例如：

你怎么还不走啊？

（3）感叹句要用有感而发的语气。例如：

天公不作美呀！

（4）祈使句要用命令的语气。例如：

别磨蹭了，快走！

2）按内容分

有表情语气、表意语气，表态语气三大类。表达时要有相应的语气。

（1）表意语气，要表达自己的意思，有相应的语气。例如：

这件事怎么办？（询问）

大家都谈谈吧。（请求）
你的看法如何？（反问）
我不知道。（陈述）
你真的不知道？（质问）
不知道想想啊！（责备）
大事不能糊涂。（提醒）
快做决定吧！（催促）
就这么办了，动手吧！（命令）

（2）表情语气，要表达自己的感情，有相应的语气。例如：
太好了，天晴了。（喜悦）
这花儿真漂亮！（赞叹）
可惜有些花被摘走了。（叹息）
破坏花木的人太可恨。（愤恨）
这些人真自私！（鄙视）
我明白为什么要学礼仪了。（醒悟）

（3）表态语气，要表达自己的态度，有相应的语气。例如：
人人都要爱护公园的花木。（肯定）
有些人恐怕还做不到。（不肯定）
大家认为破坏花木对吗？（平等）
这种做法显然是错误的。（否定）
我们不希望再有破坏花木的现象。（委婉）

第三节　播音类型语言技巧训练

一、信息和消息的区别

空乘服务播音主要是信息类播音，和消息很相似。信息与消息既有相同之处又有区别。信息比消息相对简单一些。

首先，从形式上看，信息只有主题，一般没有副题，只有在特殊人物的身份需要说明和对科技信息需要补充说明两种特殊情况，才有副题，但绝对不能有引题，而消息的标题完整而全面，消息可以有引题、主题和副题。因此，信息要采用单标题，即只有一个主标题，特殊情况可以有副标题。另外，信息不需要讯头，不需要刻意标明作者获取信息的具体地方，而消息都有讯头，新闻消息的讯头用来标明消息的来源。

其次，从内容上看，虽然信息与新闻消息都有导语，且导语的形式大多采用"倒金字塔式"结构，即在文章开头的那一段，把最重要、最新鲜的事实放在最前面，其它内容依重要与新鲜程度顺序排列。但信息要求直接切入正题，不做过多的展开，直来直去,言简意赅,要求用最短的时间得到最大和最多的信息。而新闻消息的导语或主体部分可以有新闻背景,甚至有一些细节。

再次,从语言上看,信息语言要求朴实、简洁、明快,不需要过多的修饰用语,讲求"短"上见真功夫,行文有一说一,有二说二,只求点到为止,不求多深多透,只告诉听众是什么不是什么。因此,对信息的基本要求是:字数虽少,内涵丰富,真实准确,直截了当,叙述清楚,重点突出即可。而消息则可以多做渲染和铺垫,还有对背景材料的灵活应用。

二、空乘信息类播音的要求

空乘信息类播音应该在最短的时间里、用最简洁的语言、用最快的速度把真实的信息传播出去。因此它要求:

(1) 准确无误——时间、地点、人物、事件、原因、结果都要准确无误,不允许出现差错。

(2) 层次清晰——导语、主体、结尾,层次之间要留出停顿时间,以免播成一段。

(3) 节奏明快——注意节奏的快慢,句子与句子之间紧凑,句段之间明白通畅。

(4) 朴实大气——叙述事件,不做任何夸张、渲染。正确传达,直接面陈。举手投足、言谈举止都是一种内心的真实流露。

空乘信息类播音不是念稿子,字里行间渗透着播音者对内容的理解,播音就是把这种理解、感受真切地传达给听众。因此还要注意:

(1) 播音过程就是传达过程,把一件刚发生的事播报出去,播音者要有新鲜感,因此要在准备过程中找到新鲜点外,还要在播音时有精神,而且要掌握好分寸,用明快通畅的语流,热情洋溢的状态感染乘客。

(2) 信息要在最短的时间里让听的人明白,因此在播音过程中,要发音正确、轻重恰当、逻辑严密、不涩不粘、不浓不淡、语势平稳,句子衔接紧密,语流紧凑,以避免散乱,最忌"念经式",不理解,不经心,不变化。

(3) 播音接近于朗读。切忌"说新闻",拉杂、拖沓,不像播音的样子。

【练习5.3】

悉尼全城熄灯一小时
——为减少温室气体排放

澳大利亚悉尼市数万户商家和居民3月31日晚7时30分(北京时间17时30分)开始集体断电一小时,以引起人们对温室气体排放导致全球变暖的关注。天黑之后,悉尼歌剧院等标志性建筑纷纷熄灯。

这一活动名为"地球时间",由世界自然保护基金和澳大利亚最大报纸之一的《悉尼先驱晨报》联合发起。大约2000家企业和53万户居民报名参加了"地球时间"活动,自觉断电一小时。除标志性建筑外,悉尼城区许多高楼也纷纷熄灯,整个城市变黑了不少。不过路灯和紧急照明装置仍没有熄灭,港口的照明也一切如常。"熄灯"对悉尼人的生活并无太大影响。

除此之外,还有人利用全城不少地方熄灯的便利观看星空。几百个市民提前预约,在熄灯期间前往悉尼天文台,利用这一小时更好地观看星空。天文台负责人说,很多市民都为有在黑暗中观察地平线的机会感到激动。

【问题思考】

（1）消息的要点是什么?
（2）消息分几层?每层的中心是什么?怎样处理重音?
提示:播音前要确定消息的重点是什么。标题中的新鲜点,就是听众关注的新闻事实的要点。该消息分三层,三个段落自然成为三个层次,三层之间要做短暂的停顿处理,千万不要一气呵成。

第一层是消息的导语,要醒目。消息的要素有时间,地点,人物,事件,原因,都要交代清楚。一般来说,事件是重点。其他的新闻要素要求依次交代清楚。导语交代消息要素由主到次,分别为:①集体断电一小时;②澳大利亚悉尼市数万户商家和居民;③以引起人们对温室气体排放导致全球变暖的关注;④3月31日晚7时30分;⑤天黑之后,悉尼歌剧院等标志性建筑等纷纷熄灯。可以用声音的高低、吐字力度的强弱来区分。

第二层陈述新闻事实后,再次强调"熄灯对悉尼人的生活并无太大影响"。

第三层对新闻事实进行补充,是新闻的结尾,表述清楚即可,声音可稍偏低。

三、空乘信息类播音的技巧

（一）态度把握技巧

在播音的过程中,虽然有引导性的内容,但只需要把事实叙述清楚,让听众自己去理解,去感受,也就是说要注意态度的分寸控制,不能命令。

（1）用内在语来控制语气。
（2）对内容理解分析,避免态度的过与不及。

（二）长句子处理技巧

播音稿件的句式一般是简短精悍的,但有的时候,为了叙述的连贯性或者表达的明确性,也会有长句子,这就要求我们将句子的语法关系、逻辑关系表达清楚,使听众一听就明白。

（1）要处理好停连,避免语意含混。为了使长句子的语意清楚又连贯,常用声断气连,即似停非停似连非连的方法,以语流的细微变化来表现语句关系。
（2）要精选重音,以免由于重音过多而使听众的注意力分散,破坏了节奏的明快感,还可以节省气息,使语流通畅自如。

(3) 要注意语势的承上启下，加大语流的起伏变化。突出语句目的。

（三）数字处理技巧

读准读清是基本要求。给数字着色是最重要的技巧。即根据内容赋予数字或大或小，或轻或重的色彩，对听众起到提示的作用，便于受众了解数字真正的含义，引起他们的思考。注意对数字着色要有选择。如果数字较多，要精选有价值的、最直观的数字来着色，这样才使有声语言的表达重点突出，简洁明快。

（四）播音速度技巧

停连要符合听众生理和心理的需要。听众听明白内容需要一定的时间，速度太快，不仅让听的人反应不过来，还会使播报者的语音与思维脱节。

用语气的转折和起伏来区分层次，突出重点。声音稍纵即逝，只有加强对比，引起受众的注意才能让听众听清楚稿件的内容。

利用语流的疏密变化，加大层间和语句内的主次对比，也就是说，展开主要的，带过次要的。

【练习5.4】

丁肇中会上三答

"我没有资格回答这个问题"

本报讯（记者白冰）"我没有资格回答这个问题。"上周六下午，诺贝尔物理学奖得主丁肇中同几十家媒体记者见面。半个小时的采访中，对待自己不清楚的领域，他三次用这句话作了回答。

"我始终认为，在一个领域的成功，不能代表对所有领域都了解。"丁教授回答记者的问题，始终都遵循着他说的这句话，"在我的实验室，我要求跟随我做实验的百余名各国科学家都能做到不随便回答自己不了解的问题。"

当有记者问"家长如何培养孩子对科学的兴趣"时，丁肇中教授第一次回答了"我没有资格回答这个问题"。他认为，所谓的考试只是在考别人做过的东西，而科学进展正是要推翻别人做过的东西。丁教授认为，他能回答的只是觉得应该把"考第一名，念好书"这种观念改变。

对于大学教授在外活动，不给学生上课一事，丁教授又一次回答："我没有资格回答这个问题。我就是麻省理工学院唯一一名不讲课的教授。因为我实在没有时间，学校特批我了。所以我最没有资格回答这个问题。"丁教授的回答，引起在座记者的一片笑声。

对于有记者提问关于中国一些科学家学术造假的问题，丁教授表示因为他不了解这个事件，所以他也没有资格回答这个问题，但他表示："科学家首要的就是要有和别人竞争的态度和诚实态度！否则，迟早都会被别人发现！"①

---

① 白冰. 丁肇中会上三答[N]. 法制晚报，2006－09－18.

【问题思考】

(1) 消息的中心思想是什么?

(2) 消息分几部分? 每段的中心是什么? 怎样处理重音?

提示:一条观点性消息会给听众以思想的启迪。消息由五个自然段组成,分导语和主体二部分,第一段就是导语部分,其余四段就是消息的主体部分,没有结尾。导语中"丁肇中",是主要人物,"我没有资格回答这个问题"是他的主要观点,是文稿的中心。"对待自己不清楚的领域,他用这句话做了回答"是对上面观点的说明,都要当成主要重音。"不清楚"是次重音,让听众进一步了解丁肇中的思想境界。

主体的四个段落,先说什么后说什么,播音前思路要清楚。第二段的表述重点应该是"在一个领域的成功,不能代表对所有领域的了解"及"不随便回答自己不了解的问题",其中"不能"和"不随便"是重音。第三段"所谓的考试只是在考别人做过的东西,而科学的进展正是要推翻别人做过的东西",要把逻辑关系表述清楚,"推翻"是主要重音。第四段"我就是麻省理工学院唯一一名不讲课的教授。因为我实在没有时间,学校特批我了。""唯一"、"实在"是主要重音。第五段"科学家首要的就是要有和别人竞争的态度和诚实态度! 否则,迟早都会被别人发现!""首要的""迟早"是重音。

【练习5.5】

欢迎词

女士们,先生们:

欢迎您乘坐国际航空公司 CA1315 航班由北京前往广州(中途降落_____)。由北京至广州的飞行距离是 2000 公里,预计空中飞行时间 3 小时_____分。飞行高度 10000 米,飞行速度平均每小时 670 公里。

为了保障飞机导航及通信系统的正常工作,在飞机起飞和下降过程中请不要使用手提电脑,在整个航程中请不要使用手提电话,遥控玩具,电子游戏机,激光唱机和电音频接收机等电子设备。

飞机很快就要起飞了,现在客舱乘务员进行安全检查。请您在座位上坐好,系好安全带,收起座椅靠背和小桌板。请您确认您的手提物品是否妥善安放在头顶上方的行李架内或座椅下方。(本次航班全程禁烟,在飞行途中请不要吸烟。)

本次航班的乘务长将协同机上所有乘务员竭诚为您提供及时周到的服务。

谢谢!

【问题思考】

(1) 音词的中心思想是什么?

(2) 音词分几部分? 每段的中心是什么? 怎样处理重音?

提示：该播音词总共分四段，重点是表达热情友好之意，并介绍航程的基本情况、安全须知、乘务组成员等。要求讲解清楚明白，态度热情友好，面带微笑，彬彬有礼。四个段落，先说什么后说什么，播音前思路要清楚。

首先称呼要自然、亲切、得体。

第一段重点是表达热情友好之意，并介绍航程的基本情况。"欢迎"是主要内容，航空公司名称、航班号、起始站、距离、飞行时间、飞行高度、飞行速度，都要表达清楚。其中的数字、地点可停顿加以强调。

第二段的表述重点是安全须知。"在飞机起飞和下降过程中请不要使用手提电脑，在整个航程中请不要使用手提电话，遥控玩具，电子游戏机，激光唱机和电音频接收机等电子设备。"其中"不要"和"不要"是重音。

第三段的表述重点是安全检查。"请您在座位上坐好，系好安全带，收起座椅靠背和小桌板。请您确认您的手提物品是否妥善安放在头顶上方的行李架内或座椅下方。""坐好"、"系好"、"收起"、"确认"等并列关系要表述清楚，是主要重音。

第四段"本次航班的乘务长将协同机上所有乘务员竭诚为您提供及时周到的服务。""竭诚"是主要重音。

学习单元六
空乘服务播音内容训练

学习重点

播音内容是空乘服务人员沟通工作的具体体现。能否恰当表现播音内容关系到空乘服务人员的播音水平和工作效果。本单元主要介绍空乘服务播音的主要内容和训练方法,让学生对播音的主要内容有一个基本掌握,为播音工作积累经验。

第一节 客舱例行广播词播音训练

通用航班广播词:

一、欢迎词

提示:欢迎词、欢送词的播音目的是欢迎、欢送乘客上下飞机,重点是表达热情友好之意,并介绍航程基本情况、安全须知、乘务组成员等。要求讲解清楚明白,态度热情友好,面带微笑,彬彬有礼。乘务员列队,鞠躬致意(图6.1)。

女士们,先生们:

欢迎您乘坐国际航空公司CA1315航班由北京前往广州(中途降落_____)。由北京至广州的飞行距离是2000公里,预计空中飞行时间是3小时_____分。飞行高度10000米,飞行速度平均每小时670公里。

为了保障飞机导航及通信系统的正常工作,在飞机起飞和下降过程中请不要使用手提电脑,在整个航程中请不要使用手提电话、遥控玩具、电子游戏机、激光唱机和电音频接收机等电子设备。

飞机很快就要起飞了,现在客舱乘务员进行安全检查。请您在座位上坐好,系好安全带,收起座椅靠背和小桌板。请您确认您的手提物品是否妥善安放在头顶上方的行李架内或座椅下方。(本次航班全程禁烟,在飞行途中请不要吸烟。)

本次航班的乘务长将协同机上所有乘务员竭诚为您提供及时周到的服务。

谢谢!

Good morning(afternoon,evening), Ladies and Gentlemen:

Welcome aboard _____ Airlines Flight _____ to _____ (via _____). The distance between _____ and _____ is _____ kilometers. Our flight will take _____ hours and _____ minutes. We will be flying at an altitude of _____ meters and the average speed is _____ kilometers per hour.

In order to ensure the normal operation of aircraft navigation and communication systems, passengers arenot allowed to use mobil phones, remote – controlled toys, and other electronic devices throughout the flight and the laptop computers are not allowed to use during takeoff and landing.

We will take off immediately, Please be seated, fasten your seat belt, and make sure your seat back is straight up, your tray table is closed and your carry – on items are securely stowed in the overhead bin or under the seat in front of you. (This is a non – smoking flight, please do not smoke on board.)

The (chief) purser _____ with all your crew members will be sincerely at your service. We hope you enjoy the flight!

Thank you!

图 6.1　列队致意

二、起飞后广播

提示:这种播音的目的是介绍航线上的城市、山川河流,重点是表达清楚、明白,同时热情、有感情,起到导游的作用,为来自五湖四海的乘客作解说,丰富他们的旅行生活。

女士们,先生们:

我们的飞机已经离开北京前往广州,沿这条航线,我们飞经的省份有河北、河南、湖北、广东,经过的主要城市有北京、卫县、周口、河口、武汉、龙口、澧陵、南雄、广州,我们还将飞越黄河、淮河、长江、珠江、洪湖、罗宵山、南岭、白云山。

在这段旅途中,我们为您准备了午餐。供餐时我们将广播通知您。

下面将向您介绍客舱设备的使用方法:

今天您乘坐的是 A321 型飞机。

您的座椅靠背可以调节,调节时请按座椅扶手上的按钮。在您前方座椅靠背的口袋里有清洁袋,供您扔置杂物时使用。

在您座椅的上方备有阅读灯开关和呼叫按钮。如果您有需要乘务员的帮助,请按呼叫铃。

在您座位上方还有空气调节设备,您如果需要新鲜空气,调节请转动通风口。

洗手间在飞机的前部和后部。在洗手间内请不要吸烟。

Ladies and Gentlemen:

We have left _____ for _____ . Along this route, we will be flying over the provinces of _____ , passing the cities of _____ , and crossing over the _____ .

Breakfast(Lunch,Supper) has been prepared for you. We will inform you before we serve it.

Now we are going to introduce to you the use of the cabin installations.

This is a _____ aircraft.

The back of your seat can be adjusted by pressing the button on the arm of your chair.

The call button and reading light are above your head. Press the call button to summon a flight attendant.

The ventilator is also above your head. By adjusting the airflow knob, fresh air will flow in or be cut off.

Lavatories are located in the front of the cabin and in the rear. Please do not smoke in the lavatories.

三、餐前广播

提示:这种播音的目的是介绍飞机上提供的餐食及注意事项,重点是表达清楚、明白、热情、友好。

女士们,先生们:

我们将为您提供餐食(点心餐),茶水、咖啡和饮料。欢迎您选用。需要用餐的乘客,请您将小桌板放下。

为了方便其他乘客,在供餐期间,请您将座椅靠背调整到正常位置。

谢谢!

Ladies and Gentlemen:

We will be serving you meal with tea, coffee and other soft drinks. Welcome to make your choice.

Please put down the tray table in front of you. For the convenience of the passenger behind you, please return your seat back to the upright position during the meal service.

Thank you!

四、意见卡广播

提示:这种播音的目的是征求意见,要说明目的、请求,语气要诚恳。

女士们,先生们:

欢迎你乘坐国际航空公司航班,为了帮助我们不断提高服务质量,敬请留下宝贵意见,谢谢你的关心与支持!

Ladies and Gentlemen:

Welcome aboard _____ Airlines, comments form you will be highly valued in order to improve our service. thanks for your concern and support.

五、预定到达时间广播

提示:这种播音的目的是报告到达目的地的时间,要说明数字,同时要留有余地。

女士们,先生们:

本架飞机预定在20分钟后到达白云机场。现在地面温度是30摄氏度,谢谢!

Ladies and Gentlemen:

We will be landing at _____ Airport in about _____ minutes. The ground temperature is _____ degrees Celsius.

Thank you!

六、下降时安全检查广播

提示:这种播音的目的是提醒乘客注意安全,说明要具体、清晰,语言要庄重、规范、流畅(图6.2)。

女士们,先生们:

飞机正在下降。请您回原位坐好,系好安全带,收起小桌板,将座椅靠背调整到正常位置。所有个人电脑及电子设备必须处于关闭状态。请您确认您的手提物品是否已妥善安放。稍后,我们将调暗客舱灯光。

谢谢!

Ladies and Gentlemen:

Our plane is descending now. Please be seated and fasten your seat belt. Seat backs and tables should be returned to the upright position. All personal computers and electronic devices should be turned off. And please make sure that your carry-on items are securely stowed. We will be dimming the cabin lights for landing.

Thank you!

图 6.2　下降时安全广播

七、到达终点站广播

提示：欢送词的播音目的是欢送乘客下飞机，重点是表达感谢之意，并提醒乘客安全须知、行李提取、中转手续等事项，同时发出友好的邀请。要求讲解清楚明白，态度友好热情。

女士们，先生们：

飞机已经降落在白云机场，当地时间是 14:15 分，外面温度 30.6 摄氏度，飞机正在滑行，为了您和他人的安全，请先不要站起或打开行李架。请等飞机完全停稳后再解开安全带，整理好手提物品准备下飞机。从行李架取物品时，请注意安全。您交运的行李请到行李提取处领取。需要在本站转乘飞机到其他地方的乘客请到候机室中转柜办理。

感谢您选择国际航空公司班机！下次旅途再会！

Ladies and Gentlemen：

　　Our plane has landed at _____ Airport. The local time is _____ . The temperature outside is _____ degrees Celsius, (_____ degress Fahrenheit.) The plane is taxiing. For your safety, please stay in your seat for the time being. When the aircraft stops completely and the Fasten Seat Belt sign is turned off, Please detach the seat belt, take all your carry-on items and disembark (please detach the seat belt and take all your carry-on items and passport to complete the entry formalities at the termainal). Please use caution when retrieving items from the overhead compartment. Your checked baggage may be claimed in the baggage claim area. The transit passengers please go to the connection flight counter in the waiting hall to complete the procedures.

　　Welcome to _____ (city), Thank you for selecting _____ Airline for your travel today and we look forward to serving you again. Wish you a pleasant day.

　　Thank you!

八、下机广播

提示:这种播音的目的是指引乘客下飞机,要热情不减,善始善终。

女士们,先生们:

本架飞机已经完全停稳(由于停靠廊桥),请您从前(中、后)登机门下飞机。

谢谢!

Ladies and Gentlemen:

The plane has stopped completely, please disembark from the front(middle, rear) entry door.

Thank you!

九、延误广播

提示:这种播音的目的是告知乘客飞机延误情况,需要说明原因、时间。要求准确、熟练,重点是说明原因,表达由衷的歉意。同时播音速度要稍慢,以安抚乘客急躁的情绪。

女士们、先生们:

本架飞机已降落在××机场,地面温度××摄氏度(××华氏度),我们对飞机的延误及给您带来的许多不便,敬表歉意。在"系好安全带"灯熄灭之前,请您仍坐在座位上。

我代表全体机组人员感谢您乘坐班机。希望再次为您服务。

谢谢!

Ladies and Gentlemen:

We have just landed at _____ Airport. The outside temperature is _____ degrees Centigrade(Fahrenheit.) We apologize for the delay of today's flight because of the bad weather (mechanical trouble.)

Please keep your seat belt fastened till the plane comes to complete standstill. And we may remind you to take all your belongings when you disembark. Entry formalities will be completed in the terminal buddine.

We thank you for flying with us and hope to have the pleasure of being with you again.

Thank you and good-bye.

十、夜航广播

提示:这种播音的目的是提醒乘客注意安全,告知夜航服务特点,说明要具体、清晰,语言要庄重、规范、流畅。

女士们、先生们:

为了保证您在旅途中得到良好的休息,我们将调暗客舱的灯光。为了防止气流变化而引起的突然颠簸,请您在睡觉期间系好安全带。如果您需要我们帮助,请按呼唤铃,如果您看书,请您打开阅读灯。请保持客舱的安静!

谢谢!

Ladies and Gentlemen:

To ensure a good rest for every passenger on this long trip, we will be dimming the cabin lights.

If you wish to read, you may turn on the reading light above your seats. For the sake of safety, may we remind you to keep your seat belt fastened as a precaution against sudden turbulence.

Your cooperation with us in keeping the cabin quiet will be appreciated. If there is anything we can do for you, plese press the call button for service.

Thank you.

第二节 客舱临时广播词播音训练

除了客舱例行广播词以外,还有出现临时情况时进行的临时广播,需要乘务员随机应变、灵活掌握。紧急情况一般由乘务长亲自播音。

一、禁止使用电子设备广播

提示:这种播音的目的是提醒乘客注意安全,说明要具体、清晰,语言要庄重、规范、流畅。

女士们、先生们,你们好!

为了保证飞行安全,请您在飞机上不要使用移动电话、电脑、遥控玩具、电子游戏机、激光唱片、调频收音机等。

谢谢您的合作!

Ladies and Gentlemen:

In order to guarantee safety first, please do not use the following items on board: Cellular Portable Telephone, Personal Computer, Remote Controlled Toy, Electronic Game, Cord Digital Player and Frequency Modulation Radio.

Thank you for your cooperation.

二、停机位置广播

提示:这种播音的目的是告知乘客停机位置情况,要求准确、熟练,重点是说明原因、时间,表达由衷的歉意。同时播音速度要稍慢,以安抚乘客急躁的情绪。

女士们、先生们:

我们非常抱歉地通知您,由于机场繁忙,本架飞机需在此等待航空管制部门进港的命令。请各位在飞机上休息等候,请不要吸烟。

谢谢!

Ladies and Gentlemen:

We are sorry to inform you that due to the busy situation of this airport, we have to wait orders from the Air Traffic Control Tower to arrive at the airport. So please wait on the plane and refrain from smoking during this period.

Thank you for your cooperation.

三、寻找医生广播

提示:这种播音的目的是寻求医生帮助,需要说明病人情况、请求事项。重点是说明情况。要求表达准确、清楚。

女士们、先生们:

现在机上有一位重病人,你们当中有哪一位是医生或护士,请马上与乘务员联系。

谢谢合作!

Ladies and Gentlemen:

May I have your attention please?

There is a sick passenger on board. If there is a doctor or a nurse on this flight, would you please contact us by pressing the call button immediately?

Thank you!

四、使用救生衣广播

提示:这种播音的目的是说明救生衣的使用方法、要求。重点是说明使用方法、要求。特别是要求,一定要表达准确、清楚、简洁、果断。

女士们、先生们:

救生衣在您座椅下面的口袋里,请您取出经头部穿好,将带子从后向前扣好,系紧,请不要动任何手柄和通气管。当飞机着陆停稳后,在离开飞机之前,请您迅速打开救生衣的其中一个阀门。

谢谢!

Ladies and Gentlemen:

We would like to explain about the use of the life vests.

A stewardess will demonstrate how to put on the life vest. Please do the same after her/his demonstration. The life vest is located under your seat. Take it out by pulling the red tape. To put the vest on, slip it over your head.

Then, fasten the buckles and pull the straps tight around your waist. Do not inflate. After the airplane comes to stop, upon the instructions from the cabin attendant, immediately inflate the vest by pulling one of the inflation tabs strongly before leaving the aircraft.

Thank you!

五、救生衣、氧气面罩、安全带、应急出口介绍广播

提示:这种播音的目的是告知乘客救生衣、氧气面罩、安全带、应急出口使用方法,重点是说明操作步骤、要领。要求准确、熟练、严肃、认真。

女士们、先生们:

现在由客舱乘务员向您介绍救生衣、氧气面罩、安全带的使用方法及应急出口的位置。

救生衣在您座椅下面的口袋里。使用时取出,经头部穿好。将带子扣好系紧。然后打开冲气阀门,但在客舱内不要充气,充气不足时,请将救生衣上部的两个充气管拉出用嘴向里充气。

氧气面罩演示(图6.3):

氧气面罩藏在您座椅上方,发生紧急情况时,面罩会自动脱落。氧气面罩脱落后,要立即将烟熄灭,然后用力向下拉面罩。请您将面罩罩在口鼻处,把带子套在头上进行正常呼吸。

图6.3 氧气面罩演示

安全带演示(图6.4):

在您座椅上备有两条可以对扣起来的安全带,当飞机在滑行、起飞、颠簸和着陆时,请您系好安全带。解开时,先将锁口打开,拉出连接片。

紧急出口介绍:

本架飞机共有4个紧急出口,分别位于前部、后部和中部,在客舱通道上以及出口处还有紧急照明指示灯,在紧急脱离时请按指示路线撤离,安全说明书在您座椅后背的口袋内,请您尽早阅读(图6.5)。

谢谢!

图 6.4　安全带演示

图 6.5　安全说明书演示

Ladies and Gentlemen:

We will now explain the use of the life vests, oxygen masks, seat belts and the location of the exit:

Your life vest is located under your seat.

To put the vest on via your head.

Then fasten the buckles and pull the straps tight around your waist.

To inflate, pull the tabs down firmly but don't inflate while in the cabin. If your vest needs further inflation, blow into the tubes on either side of your vest.

Your oxygen mask is in the compartment above your head, and willdrop.

automatically if oxygen is needed. Where it does so extinguish cigarettes and pull the mask firmly toward you to start the flow of oxygen. Place the mask over your nose and mouth and slip the elastic band over your head. Within a few seconds, the oxygen flow will begin.

In the interest of your safety, there are two belts on the sides of yourseat that can be buckled together around your waist, Please keep them fastened while the aircraft is taxiing, taking off, in turbulence and landing. To release, lift up the top plate of the buckle.

There are 4 emergency exits in this aircraft. They are located in thefront, the rear and the middle sections. Please follow the emergency lights which are on the floor and the exits to evacuate when emergency evacuation. For further information you will find safety instruction card in the seat pocket in front of you.

Thank you!

六、客舱安全检查广播

提示：这种播音的目的是告知乘客安全检查事项，重点是说明操作内容、要求。要求准确、熟练、严肃、认真。

女士们、先生们：

现在乘务员进行客舱安全检查，请您协助我们收起您的小桌板、调直座椅靠背、打开遮光板、系好安全带。

本次航班为禁烟航班。在客舱和盥洗室中禁止吸烟。严禁损坏盥洗室的烟雾探测器。谢谢！

Ladies and Gentlemen：

In preparation for departure we ask that you take your seats, place your seat in the upright position and fasten your seat belt securely. We also ask that you stow your small table and open the window shade.

This is a non – smoking flight. Smoking is notpermitted in the cabin or lavatories. Tampering with or destroying the lavatory smoke detector is prohibited.

Thank you!

七、航空管制广播

提示：这种播音的目的是告知乘客航空管制情况，重点是说明情况、要求。要求准确、熟练、流畅。

女士们、先生们：

由于空中交通繁忙，本架飞机不能按时起飞，我们将等待航空管制起飞的命令，请您在座位上休息等候。我们将随时告诉您最新情况。

谢谢！

Ladies and Gentlemen：

May I have your attention, please?

We are now waiting for departure clearance from the Air Traffic Control Tower.

We have to wait a few minutes to take off.

Thank you for your cooperation!

八、客舱失密广播

提示:这种播音的目的是告知乘客客舱失密时的自救措施,重点是说明操作步骤、要领。要求准确、熟练、严肃、认真,同时保持镇定,以免引起乘客恐慌。

女士们、先生们:

现在飞机客舱失密,正在紧急下降,请不要惊慌,系好安全带,氧气面罩脱落后,请您用力拉下面罩,将面罩罩在口鼻处,进行正常呼吸,请不要走动。

谢谢!

Ladies and Gentlemen:

Please give me your full attention!

The aircraft is now descending due to depressurization. Please fasten your seat belts and remain calm.

The oxygen mask will drop automatically from the overhead unit. When you see the mask drop, reach up and pull the mask towards your face and cover your mouth and nose, slip the elastic band over your head and breathe normally.

Thank you for your attention.

九、有病人备降广播

提示:这种播音的目的是告知乘客有病人备降的情况,重点是说明情况、请求,并表达歉意。要求准确、熟练、诚恳。

女士们、先生们:

我们很遗憾地通知您,现在飞机上有一位重病人,虽经过我们努力抢救,但这位病人的病情仍然非常严重,机长决定备降××机场,我们将在××小时××分钟到达××,请协助。

对给您造成的不便,我们全体机组人员深表歉意并希望能得到您的谅解和支持。

谢谢!

Ladies and Gentlemen:

May I have your attention, please.

There is a sick passenger on board, and the captain has decided to make an emergency landing at ×× airport. We expect to arrive there in ×× hour(s) and ×× minutes. We apologize for any inconvenience. We thank you for your kind support and understanding.

Thank you.

【案例6.1】

"起个大早,却没赶上集"

刘岳泉是湖南百草制药有限公司总经理,到北京参加中国青年企业家联谊会。2月7日是农历正月十五"元宵节",他要赶回长沙与家人团聚。早上10时10分,他来到规定的29号登机口。离起飞还有一个小时,刘岳泉来到距登机口约200米的咖啡厅,坐下来边喝咖啡边候机。一直到11时,也没有听到3124次航班登机的广播。他11时17分跑到登机口时,飞机正在开上跑道,他眼睁睁地看着飞机腾空而起。

登机口和南航值班柜台的服务员告诉他说,登机提示广播了多遍,但广播只在登机区域里能听到,咖啡厅、餐厅等休息场所听不到。服务员说,乘客因为在餐厅吃饭、在咖啡厅休息,没有听到广播而误机,已经发生很多起了。

候机区咖啡厅值班经理说,春运前刚换了新喇叭,广播声音很洪亮。至于广播是从哪个地方发出的,广播什么内容,他们说不清楚。

29机口的服务员对咖啡厅听不到广播的原因也说不清楚。南航值班柜台的服务人员说,咖啡厅归机场物业部门管。记者问他们有没有人对乘客道歉,他们说:"反映的问题我们还要查清楚,如果是乘客自己的原因,我们当然不能道歉。"

记者来到首都机场大广播室。当天的广播记录里,没有找到要刘岳泉迅速登机的记录。据广播室反映,广播找人需要由国航商务调度室打电话通知他们,但他们没有接到电话。

【问题思考】

(1)例中广播的意义是什么?

(2)例中那些地方出了问题?空乘人员是如何应对的?怎样避免这些情况的发生?

(3)生活中,大学生怎样培养责任心?

提示:误机,在许多空乘人心中是件小事,可对乘客而言,却是意味着金钱、机会、时间、心情等,是件大事。

表面上看,这件事难以界定责任范围,事实上,及时向乘客传递信息是空乘服务最基本的服务条件。空乘通知登机的广播属于区域广播,区域外听不到的地方,应该设立提示标志,也没有广播找人。

该机场每一个环节都在不断找借口、不停地辩解。

学习单元七

空乘服务沟通与播音综合训练

学习目标

本节按照空乘服务主要岗位的一般流程,把沟通知识和播音知识有机融合在一起,进行空乘服务沟通与播音技巧的综合训练,以提高学生的播音、沟通能力,培养学生良好的心理素质,提高学生的应变能力,积累学生的临场经验。

客舱服务包括四个阶段:预先准备阶段;直接准备阶段;飞行实施阶段;航后讲评阶段。这里主要训练空中实施阶段,其他岗位可以举一反三,课后训练。

飞行实施阶段是指从乘客登机后至乘客离机前期间的客舱工作阶段。

第一节 迎客时沟通综合训练

一、欢迎登机

(1) 乘务长播放登机音乐,打开客舱灯光。
(2) 乘务员就位。乘务员根据各岗位要求在客舱内均匀分布。
(3) 乘务员主动迎客。乘务员面带微笑,主动迎上前,热情有礼地向乘客问候。引导乘客入座,协助放好物品,特别帮助老、弱、病、残、幼乘客。及时疏导乘客,注意语言技巧,不能指责挡住过道的乘客。

用语:
a. 您好!欢迎登机!
b. 请出示您的登机牌!
c. 可以看一下您的登机牌吗?
d. 请问您的座位在哪里?
e. 您的座位在 12 排 B 座,里面请。
f. 请随我来。

英语:
a. Morning, madam(sir). Welcome aboard!

早上好,女士(先生)。欢迎登机!

b. May I introduce myself, I'm _____, the chief purser of this flight.

请允许自我介绍。我叫_____,本次航班的乘务长。

c. Morning, sir. Welcome aboard. business class or economy?

早上好,先生。欢迎登机。坐公务还是经济舱?

d. You're flying economy class, is that right?

您是坐经济舱,对吗?

e. Follow me, please. Your seat is in the middle of the cabin.

请跟我来,您的座位在客舱中部。

f. An aisle seat on the left side _____ here you are, sir. 是左边靠走廊座位_____,这是您的座位。

g. I'm afraid you are in the wrong seat. 20c is just two rows behind on the other aisle.

恐怕您坐错位子了,20c 正好在那边走廊的后二排。

h. Excuse me for a second, I'll check.

请稍等一下,我查查看。

二、安放行李

协助乘客放行李(发现不符合规定的行李,要及时向主任/乘务长报告,通知地面人员处理。原则上不为乘客保管药物、贵重物品,如不能推辞应说明责任方可接受)。合理利用行李架空间,确保行李摆放安全,及时关闭行李架。

用语:

a. 您的行李已经安排好了,在这里,您看一下,下机时我会帮您提。

b. 前面的乘客请先让一下,让后面的乘客先通过,放不下的行李稍后我会帮您安排,谢谢!

c. 您的大件行李可以放在行李架上,小件行李、小推车可以放在前排座椅下方。

d. 您好!这件行李太重了,麻烦您能和我一起放一下吗?

e. 根据机型配置,为客人挂放衣服。如时间允许,可为乘客提供报刊、杂志、毛毯。清点人数。

三、确认紧急出口乘客资格

对不起,这是紧急出口座位,按照有关规定,您是不适合坐在这里的,我为您调换一下好吗?

四、向精英会员致意

张总,您好,欢迎光临!

五、关闭行李架

检查行李架内的物品是否安放稳妥,并关闭行李架。

第二节　关门后沟通综合训练

一、关闭舱门

乘务长核对乘客人数,检查航班文件,机组人员人数,落实客舱安全管理,报告机长,得到许可后关闭机舱门。延误或等待时,应提供必要的客舱服务。

二、致礼欢迎

除广播人员外的所有乘务员站在各自负责的区域。

三、安全检查

进行安全检查滑行时不得提供除安全以外的任何服务,确认客舱安全检查完毕后,乘务员回座位。

用语:
a. 请您系好安全带！谢谢！
b. 请您调直座椅靠背！谢谢！
c. 请您收起小桌板！谢谢！
d. 请您把遮光板打开,谢谢！
e. 请关闭手机电源！谢谢！
f. 请问,卫生间有人吗？
g. 飞机马上要起飞了,请不要在客舱内走动。

四、安全演示广播

安全演示广播:
女士们、先生们:
　　现在由客舱乘务员向您介绍救生衣、氧气面罩、安全带的使用方法及应急出口的位置。
　　救生衣在您座椅下面的口袋里。使用时取出,经头部穿好。将带子扣好系紧。然后打开冲气阀门,但在客舱内不要充气,充气不足时,请将救生衣上部的两个充气管拉出用嘴向里充气。
　　氧气面罩演示:
　　氧气面罩藏在您座椅上方,发生紧急情况时,面罩会自动脱落。氧气面罩脱落后,要立即将烟熄灭,然后用力向下拉面罩。请您将面罩罩在口鼻处,把带子套在头上进行正常呼吸。

安全带演示:

在您座椅上备有两条可以对扣起来的安全带,当飞机在滑行、起飞、颠簸和着陆时,请您系好安全带。解开时,先将锁口打开,拉出连接片。

紧急出口介绍:

本架飞机共有4个紧急出口,分别位于前部、后部和中部,在客舱通道上以及出口处还有紧急照明指示灯,在紧急脱离时请按指示路线撤离,安全说明书在您座椅后背的口袋内,请您尽早阅读。

谢谢!

Ladies and Gentlemen:

We will now explain the use of the life vests, oxygen masks, seat belts and the location of the exit:

Your life vest is located under your seat.

To put the vest on via your head.

Then fasten the buckles and pull the straps tight around your waist.

To inflate, pull the tabs down firmly but don't inflate while in the cabin. If your vest needs further inflation, blow into the tubes on either side of your vest.

Your oxygen mask is in the compartment above your head, and willdrop automatically if oxygen is needed. Where it does so extinguish cigarettes and pull the mask firmly toward you to start the flow of oxygen. Place the mask over your nose and mouth and slip the elastic band over your head. Within a few seconds, the oxygen flow will begin.

In the interest of your safety, there are two belts on the sides of yourseat that can be buckled together around your waist, Please keep them fastened while the aircraft is taxiing, taking off, in turbulence and landing. To release, lift up the top plate of the buckle.

There are 4 emergency exits in this aircraft. They are located in thefront, the rear and the middle sections. Please follow the emergency lights which are on the floor and the exits to evacuate when emergency evacuation. For further information you will find safety instruction card in the seat pocket in front of you.

Thank you!

五、再次安全检查广播

起飞前,广播通知乘客再次确认安全带、电子设备等禁限设备;乘务员自身检查确认。(乘务员必须在规定位置上坐好带好肩带;安全检查回报(报告乘务长:"客舱准备完毕。");起飞前安全确认广播;接到机长起飞信号后,乘务长进行起飞前安全确认广播。

客舱安全检查广播：

女士们、先生们：

现在乘务员进行客舱安全检查，请您协助我们收起您的小桌板、调直座椅靠背、打开遮光板、系好安全带。

本次航班为禁烟航班。在客舱和盥洗室中禁止吸烟。严禁损坏盥洗室的烟雾探测器。谢谢！

Ladies and Gentlemen：

In preparation for departure we ask that you take your seats, place your seat in the upright position and fasten your seat belt securely. We also ask that you stow your small table and open the window shade.

This is a non-smoking flight. Smoking is notpermitted in the cabin or lavatories. Tampering with or destroying the lavatory smoke detector is prohibited.

Thank you！

第三节　起飞后沟通综合训练

一、飞行计划广播（欢迎词）

"系好安全带"指示灯熄灭前，不得提供其他服务，指示灯熄灭后，广播安全带、限制性电子设备规定，介绍航线即客舱设备，乘务员列队，鞠躬致意（站位1、2、3、4号乘务员分别站在客舱1、3、5、7排）。打开洗手间门锁，整理好卫生用品；烘烤热食。

1. 欢迎词广播

女士们，先生们：

欢迎您乘坐国际航空公司CA1315航班由北京前往广州（中途降落_____）。由北京至广州的飞行距离是2000公里，预计空中飞行时间是3小时_____分。飞行高度10000米，飞行速度平均每小时670公里。

为了保障飞机导航及通信系统的正常工作，在飞机起飞和下降过程中请不要使用手提电脑，在整个航程中请不要使用手提电话，遥控玩具，电子游戏机，激光唱机和电音频接收机等电子设备。

飞机很快就要起飞了，现在客舱乘务员进行安全检查。请您在座位上坐好，系好安全带，收起座椅靠背和小桌板。请您确认您的手提物品是否妥善安放在头顶上方的行李架内或座椅下方。（本次航班全程禁烟，在飞行途中请不要吸烟。）

本次航班的乘务长将协同机上所有乘务员竭诚为您提供及时周到的服务。

谢谢！

Good morning(afternoon, evening), Ladies and Gentlemen：

Welcome aboard _____ Airlines Flight _____ to _____ (via _____).

The distance between _____ and _____ is _____ kilometers. Our flight will take _____ hours and _____ minutes. We will be flying at an altitude of _____ meters and the average speed is _____ kilometers per hour.

In order to ensure the normal operation of aircraft navigation and communication systems, passengers arenot allowed to use mobil phones, remote - controlled toys, and other electronic devices throughout the flight and the laptop computers are not allowed to use during takeoff and landing.

We will take off immediately, Please be seated, fasten your seat belt, and make sure your seat back is straight up, your tray table is closed and your carry - on items are securely stowed in the overhead bin or under the seat in front of you. (This is a non - smoking flight, please do not smoke on board.)

The (chief) purser _____ with all your crew members will be sincerely at your service. We hope you enjoy the flight!

Thank you!

2. 介绍广播

女士们,先生们:

我们的飞机已经离开北京前往广州,沿这条航线,我们飞经的省份有河北、河南、湖北、广东,经过的主要城市有北京、卫县、周口、河口、武汉、龙口、澧陵、南雄、广州,我们还将飞越黄河、淮河、长江、珠江、洪湖、罗宵山、南岭、白云山。

在这段旅途中,我们为您准备了午餐。供餐时我们将广播通知您。

下面将向您介绍客舱设备的使用方法:

今天您乘坐的是 A321 型飞机。

您的座椅靠背可以调节,调节时请按座椅扶手上的按钮. 在您前方座椅靠背的口袋里有清洁袋,供您扔置杂物时使用。

在您座椅的上方备有阅读灯开关和呼叫按钮。如果您有需要乘务员的帮助,请按呼叫铃。

在您座位上方还有空气调节设备,您如果需要新鲜空气,调节请转动通风口。

洗手间在飞机的前部和后部。在洗手间内请不要吸烟。

Ladies and Gentlemen:

We have left _____ for _____. Along this route, we will be flying over the provinces of _____, passing the cities of _____, and crossing over the _____.

Breakfast(Lunch, Supper) has been prepared for you. We will inform you before we serve it.

Now we are going to introduce to you the use of the cabin installations.

This is a _____ aircraft.

The back of your seat can be adjusted by pressing the button on the arm of your chair.

The call button and reading light are above your head. Press the call button to summon a flight attendant.

The ventilator is also above your head. By adjusting the airflow knob, fresh air will flow in or be cut off.

Lavatiories are located in the front of the cabin and in the rear. Please do not smoke in the lavatories.

二、客舱服务用语

1. 休闲、娱乐服务

为乘客发送报刊、儿童礼品、巡视客舱，协助乘客打开通风器、阅读灯、耳机，盖上毛毯，调整座椅，放下小桌板，播放录音，调暗客舱灯光，提醒及协助放下遮光板。

用语：

a. 您想看这些报纸或杂志吗？

Would you like to read these news papers or magazines?

b. 你是去学习还是只去旅游？

Are you going to study there or just for sight seeing?

c. 由于天气恶劣,航班已经延误。

The flight has been delayed because of bad weather.

d. 由于低能见度,机场关闭,我们不能起飞。

We can"t take off because the airport is closed due to poor visibility.

e. 我们的飞机颠簸得厉害,请系好安全带。

Our plane is bumping hard. please keep your seat belt fastened。

f. 你知道香港的天气不太好,飞机延误了。

You know the weather in hongkong is not so good. It has been delayed.

g. 中国国际航空公司 CA937 航班,上午 7:30 起飞。

Air China flight CA937 leaves at 07:30 in the morning.

h. CA926 航班 17:40 离开东京直飞回北京。

Flight no. 926, leaving Tokyo at 17:40, flies nonstop back to beijing.

i. 先生,这个是阅读灯,这个是呼唤按钮。如果您需要服务(帮助)可以按此呼唤按钮,如果您需要阅读,我来帮您打开阅读灯。

Sir, this is the reading light and this is the call button. If you need any help please press the call button. Let me help you with the reading light if you want to read something.

2. 餐前水服务

女乘务员换上围裙,为乘客发送饮料。

用语:

    a. 两边的乘客请让一下,谢谢!

    b. 我们为您准备了饮料,请问您喝哪一种?

    c. 请您将水杯递一下,谢谢!

    d. 麻烦您等一下,我们一位一位来好吗?

    e. 您想先喝点什么?

    f. 请问您的饮料需要加冰吗?

    g. 请问有需要加茶水(咖啡)的乘客吗?

    h. 我们为您提供的是绿茶,请慢用。

    i. 请用小食品。

    j. 女士:杯子我可以拿走了吗?

    k. 对不起先生,您需要的饮料暂时没有,稍后马上为您送来,您先喝点别的饮料可以吗?谢谢!

    l. 你还需要喝些什么?

    3. 餐食、酒水服务

女乘务员换上围裙,为乘客发送餐食、酒水。

用语:

    a. 这是今天的菜单,你想吃些什么?

Here is today's menu. What would you like to have?

    b. 谢谢,让您久等了。这是您的饭和咖啡,还要点什么?

Thank you for waiting sir. Here you are. anything more?

    c. 甜食要不要?

How about the sweet?

    d. 现在可以收拾您的桌子吗?

May I clear up your table now?

    4. 紧急情况服务

当飞机出现紧急情况时,服务人员要从容镇定向乘客发出明确的指令,并给乘客战胜困难的信心。

用语:

    a. 马上系好安全带。由于飞机发动机出现故障,将做紧急迫降。

Fasten your seat belts immediately. The plane will make an emergency landing because of the sudden breakdown of an engine.

    b. 不要惊慌。

Don't panic!

    c. 我们的机长完全有信心安全着陆。我们所有的机组人员在这方面都受过良好的训练,请听从我们的指挥。

Our captain has confidence to land safely. All the crew members of this flight are well trained for this kind of situation. So please obey instructions from us.

d. 从座椅下拿出救生衣,穿上它!

Take out the life vest under your seat and put it on!

e. 请不要在客舱内将救生衣充气!一离开飞机立即拉下小红头充气。Don't inflate the life vest in the cabin and as soon as you leave the aircraft, inflate it by pulling down the red tab.

f. 戴上氧气面罩!

Put the mask over your face!

g. 把你的头弯下来放在两膝之间!

Bend your head between your knees!

h. 弯下身来,抓住脚踝。

Bend down and grab your ankles.

i. 拿灭火器来!

Get the extinguisher.

j. 解开安全带,别拿行李,朝这边走!

Open seat belts. Leave everything behind and come this way!

k. 本架飞机有八个安全门,请找到离你最近的那个门。

This plane has eight emergency exits. Please locate the exit nearest to you.

l. 解开安全带,别拿行李,朝这边走!

Open seat belts. Leave everything behind and come this way!

m. 本架飞机有八个安全门,请找到离你最近的那个门。

This plane has eight emergency exits. Please locate the exit nearest to you.

n. 跳滑下来

Jump and slide down!

三、预报落地时间广播

预定到达时间广播:

女士们,先生们:

本架飞机预定在 20 分钟后到达白云机场。现在地面温度是 30 摄氏度,谢谢!

Ladies and Gentlemen:

We will be landing at _____ Airport in about _____ minutes. The ground temperature is _____ degrees Celsius.

Thank you!

第四节 落地后沟通综合训练

一、降落广播(欢送词)

女士们,先生们:

飞机已经降落在白云机场,当地时间是14点15分,外面温度30.6摄氏度,飞机正在滑行,为了您和他人的安全,请先不要站起或打开行李架。请等飞机完全停稳后再解开安全带,整理好手提物品准备下飞机。从行李架取物品时,请注意安全。您交运的行李请到行李提取处领取。需要在本站转乘飞机到其他地方的乘客请到候机室中转柜办理。

感谢您选择国际航空公司班机!下次旅途再会!

Ladies and Gentlemen:

Our plane has landed at _____ Airport. The local time is _____. The temperature outside is _____ degrees Celsius, (_____ degress Fahrenheit.) The plane is taxiing. For your safety, please stay in your seat for the time being. When the aircraft stops completely and the Fasten Seat Belt sign is turned off, Please detach the seat belt, take all your carry-on items and disembark(please detach the seat belt and take all your carry-on items and passport to complete the entry formalities at the termainal). Please use caution when retrieving items from the overhead compartment. Your checked baggage may be claimed in the baggage claim area. The transit passengers please go to the connection flight counter in the waiting hall to complete the procedures.

Welcome to _____(city), Thank you for selecting _____ Airline for your travel today and we look forward to serving you again. Wish you a pleasant day.

Thank you!

二、下机广播

(1)灯光调至最亮。乘务长统一指挥操作舱门分离器接触预位。

(2)播放下机音乐。

(3)打开舱门。

下机广播:

女士们,先生们:

本架飞机已经完全停稳(由于停靠廊桥),请您从前(中,后)登机门下飞机。

谢谢!

Ladies and Gentlemen:

The plane has stopped completely, please disembark from the front(middle, rear) entry door.

Thank you!

三、欢送乘客

着装整齐,礼貌道别;安排头等舱乘客先下飞机,协助特殊乘客下机。

四、检查客舱

逐个检查行李架和乘客座椅。如发现乘客遗留物品,立即报告乘务长,通知地面相关人员。

五、下机前再次确认分离器解除预位

下机前再次确认分离器解除预位并报告。

参考文献

[1] 刘辉,梁月秋.空乘服务沟通与播音技巧[M].北京:旅游教育出版社,2011.
[2] 邵雪伟.酒店沟通技巧[M].杭州:浙江大学出版社,2010.
[3] 张颂.朗读学[M].长沙:湖南教育出版社,1983.
[4] 姚弘华,郝建萍.服务礼仪[M].北京:科学出版社,2013.
[5] 盛美兰.空乘服务礼仪[M].北京:中国空乘出版社,2013.
[6] 宋文静,余辉.空乘服务与人际沟通[M].北京:科学出版社,2013.
[7] 金正昆.服务礼仪教程[M].北京:中国人民大学出版社,2010.
[8] 金正昆.社交礼仪教程[M].北京:中国人民大学出版社,2009.